国家电网调控系统
本质安全建设30条要点释义

国家电力调度控制中心 组编

中国电力出版社
CHINA ELECTRIC POWER PRESS

内 容 提 要

本书是对《国调中心关于进一步加强调控系统本质安全建设的通知》（调技〔2017〕124 号）提出的调控系统本质安全建设 30 条要点的全面释义。全书分为两部分：第一部分是《国调中心关于进一步加强调控系统本质安全建设的通知》（调技〔2017〕124 号），给出了调控系统本质安全建设的思路，提出了调控系统本质安全 30 条要点；第二部分是调控系统本质安全要点释义，从主要安全风险、主要工作措施和典型案例三个方面对每条要点进行了详尽释义。

本书可供电力系统调控专业员工培训使用。

图书在版编目（CIP）数据

国家电网调控系统本质安全建设30条要点释义/国家电力调度控制中心组编. —北京：中国电力出版社，2018.12（2019.3 重印）
ISBN 978-7-5198-2627-7

Ⅰ．①国… Ⅱ．①国… Ⅲ．①电力系统调度－安全管理－中国 Ⅳ．①TM73

中国版本图书馆 CIP 数据核字（2018）第 258342 号

出版发行：中国电力出版社
地　　址：北京市东城区北京站西街 19 号（邮政编码 100005）
网　　址：http://www.cepp.sgcc.com.cn
责任编辑：穆智勇（010-63412336）
责任校对：王小鹏
装帧设计：张俊霞　左　铭
责任印制：石　雷

印　　刷：北京天宇星印刷厂
版　　次：2018 年 12 月第一版
印　　次：2019 年 3 月北京第三次印刷
开　　本：850 毫米×1168 毫米　32 开本
印　　张：4.125
字　　数：98 千字
定　　价：20.00 元

编　委　会

前　言

　　近年来，特高压电网与新能源发电不断快速发展，新技术不断应用，电网运行特性日趋复杂，电网安全运行管控难度不断增加。

　　2016 年，国家电网公司印发了《国家电网公司关于强化本质安全的决定》（国家电网办〔2016〕624 号），提出开展本质安全建设，明确了本质安全的内在含义，即本质安全是内在的防御和抵御事故风险的能力，其实质是队伍建设、电网结构、设备质量、管理制度等核心要素的统一。

　　2017 年，国调中心结合新形势、新要求，遵循电网调度运行实际特点，提出调控系统本质安全建设总体思路：以大电网安全稳定运行为中心，坚持目标导向和问题导向，坚守安全底线、辨识安全风险、采取预防预控措施，重点加强电网运行、设备管理、人员队伍、制度标准的本质安全建设，不断完善全面、主动的调控运行安全管控体系，提升本质安全水平，实现安全可控、能控、在控。调控系统本质安全建设涵盖调度运行、设备监控、调度计划、系统运行、水电及新能源、继电保护、自动化、网络安全、燃料、技术十大专业。根据调控各专业特点，国调中心提出调控系统本质安全 30 条要点，为调控系统本质安全建设的落地提供了有效途径。

　　为进一步深入阐释调控系统本质安全 30 条要点内涵与外延，

明确关键业务的工作红线与安全底线，细化分析工作风险与应对措施，提高30条要点的可操作性与适应性，国调中心编制了本书。为了更好说明调控系统本质安全建设落地方法，本书收集了近年来部分区域、省、地级电网调控机构在电网运行管理方面的典型案例，以供读者参考。通过阅读本书，可以使各级调控机构人员熟悉本专业工作要求和核心要点，了解其他专业工作内容，做好调控系统本质安全建设工作。

本书由国调中心伦涛、华中调控分中心崔云生牵头组织完成，国网天津、山东、浙江、福建、河南、湖南、江西、陕西、四川公司有关专业人员全程参与编写。本书在编审过程中得到了有关单位和专家的大力支持，在此表示衷心的感谢。

国家电力调度控制中心

2018 年 11 月

目　录

前言

第一部分

国调中心关于进一步加强调控系统本质安全建设的通知

（调技〔2017〕124 号）

各分部，各省（自治区、直辖市）电力公司：

为了适应特高压交直流电网安全运行需要，落实《国家电网公司关于强化本质安全的决定》（国家电网办〔2016〕624号）相关要求，进一步提升大电网安全运行管理水平，全面梳理安全底线，深化细化风险辨识和分析，化解各种安全风险，推进调控系统本质安全建设，提出以下要求。

一、调控系统本质安全建设思路

以大电网安全稳定运行为中心（一个中心），坚持目标导向和问题导向（两个导向），坚守安全底线、辨识安全风险、采取预防预控措施（三个要素），重点加强电网运行、设备管理、人员队伍、制度标准（四个方面）的本质安全建设，不断完善全面、主动的调控运行安全管控体系，提升本质安全水平，实现安全可控、能控、在控。

一个中心即积极应对特高压电网"强直弱交"结构性风险、新能源大规模接入、公司内外部改革等挑战，强化电网调控运行管理，保障大电网安全稳定运行。

两个导向即以构建调控运行安全管控体系，实现安全可控、能控、在控为目标；结合电网调控运行实际和发展需要，全面深入剖析电网运行问题和安全风险。

三个要素即明确调控系统保障电网安全运行必须坚守的底线，对安全风险进行辨识、分析和评价，研究制定有针对性的风险控制措施。

四个方面即结合调控系统专业特点，在电网运行、设备管理、人员队伍、制度标准等领域开展本质安全建设。

二、调控系统本质安全要点

（一）电网运行方面

1. 严格执行标准。严格执行《电力系统安全稳定导则》等运行控制标准。严防在电网运行中不执行稳定标准及运行规程规定，导致电网运行风险未实现"可控、能控、在控"。工作中应做到，一是严格按照《电力系统安全稳定导则》《电力系统安全稳定计算技术规范》等标准、规定，开展电网运行相关计算分析工作；二是依据《电力系统安全稳定导则》及系统计算分析结果，制定电网运行规定、稳定限额和稳定控制措施；三是对于突破《导则》设防标准的特殊情况，必须制定并落实相关安全措施。

2. 强化电网运行结构管控。严格按照稳定标准和运行规程规定管控电网运行结构。严防为配合基建工程、改扩建工程、设备检修等工作，安排多个元件同时停电、过度削弱电网运行结构所导致电网稳定破坏或负荷损失。工作中应做到，一是加强与基建、运检等部门沟通协调，优化工作安排，坚决杜绝严重削弱电网结构的多重停电方式，保障电网运行结构合理；二是针对多重停电方式开展计算分析和风险评估，制定安全措施；三是根据风险等级及管理规定，提前发布风险预警通知单和向政府部门备案。

3. 合理安排机组组合。合理安排机组组合，保证满足电网稳定运行控制要求。严防受市场交易、清洁能源消纳等因素影响，常规电源开机方式过小、不满足稳定控制要求导致的系统稳定破坏或负荷损失。工作中应做到，一是根据电网稳定控制、电压支撑、电力电量平衡等方面需要，制定最小开机方式；二是对于多重停电等重大方式变化，滚动校核最小开机方式；三是电网运行方式安排和实时运行中严格执行最小开机方式；四是分中心对本网主力发电机组运行状态进行许可管理。

4. 严格稳定限额管理。严格执行根据系统计算分析结果和稳定标准制定的稳定限额。严防随意变更稳定限额或超稳定限额运行导致的电网事故扩大。工作中应做到，一是细化系统计算分析，严格执行稳定标准和运行规程规定，科学制定稳定限额；二是国（分）省调控机构开展联合量化安全校核，确保安排发输电计划和交易结果时，断面潮流不超稳定限额；三是加强电网运行监控，严禁超稳定限额运行。

5. 合理安排有功备用容量。严格按照《电力系统安全稳定导则》《电力系统技术导则》等标准、规程规定，留取充足的有功备用容量，保证电网安全裕度。严防在发输电计划制定阶段，有功备用不满足稳定控制或电力电量平衡要求；严防实时运行阶段，未根据负荷、开机方式等变化及时调整系统运行方式，造成有功备用不足。工作中应做到，一是调度计划阶段，严格按照标准、规程规定，留取充足的有功备用；二是加强运行监控，及时根据实际情况调整方式，保证备用满足要求；三是完善国（分）省调控机构有功备用监视和分析手段。

6. 加强电网频率管理。严格按照标准或运行规程规定，开展电网频率管理和控制。严防发电机组一次调频功能未投入或性能不满足要求，故障情况下系统频率不能及时恢复或造成负荷损失；严防在运行阶段，区域控制偏差（ACE）调整不当，影响联络线功率和频率控制；严防安控联切负荷、频率协调控制系统、低频减载等控制策略配合不当，造成负荷过切或欠切。工作中应做到，一是并网机组必须满足调频、调速等频率相关涉网标准要求；二是合理制定 AGC 和联络线关口控制策略，加强 ACE 的运行监视和控制；三是统筹协调第二、三道防线，合理整定控制策略；定期核查低频控制措施有效性（包括装置自身和可切容量）。

7. 加强电网无功电压管理。严格按照《电力系统无功电压技术导则》等标准、运行规程规定，开展电网无功电压管理和控制。严防无功补偿装置配置或电压控制策略不合理，不满足"分层分区、就地平衡"原则；严防发电机组 AVC 功能未投入或性能不满足要求，实时运行中母线电压、无功备用不满足要求。工作中应做到，一是按照"分层分区、就地平衡"原则，配置无功补偿装置，制定无功电压控制策略；二是并网机组必须满足励磁、AVC等相关无功电压标准要求；三是实时运行中严格执行电压控制曲线，及时根据工况调整运行电压，确保电网中枢点电压满足运行要求；四是电网调度计划和实时运行阶段，合理安排和调整发电机、调相机无功出力，保持充足的动态无功储备。

8. 杜绝误下令等责任事故。调度员、监控员不发生误下令、误操作等安全责任事故。严防不清楚系统运行方式，未执行相关一、二次要求，导致误拟票；严防未预发调度令，下令未使用标准术语及普通话，导致误下令；严防操作前未核对相关设备信息，未按操作令顺序操作，操作时失去监护，导致误操作。工作中应做到，一是严格执行调度管理规程及下令、复诵、录音、记录和汇报制度；二是全面实现省级以上调度规范化倒闸操作；三是推进操作指令程序化执行、停电设备冷备用操作、刀闸远方操作等试点工作，完善调控防误系统，健全管理制度，明确调控和运维在远方操作失败、故障应急处置时的职责分工与具体措施。

9. 提高严重故障处置能力。针对可能发生的严重故障，必须制定多级调度协同处置预案，为故障期间的实时运行提供依据。严防因电网快速发展、输电通道走廊密集、极端恶劣天气和自然灾害导致的密集通道内多回线路跳闸；严防开关单侧 TA 死区故障或开关拒动导致的严重故障；严防事故处置预案缺乏对严重故障的量化分析和处置原则。工作中应做到，一是针对密集输电通道、TA 死区、开关拒动等严重故障开展量化分析，研究故障发展路径及后果，制定协同处置措施；二是完善国（分）省调度同步感知、同步监视手段。

10. 严格启动调试调度管理。调控机构必须掌控基建工程启动调试期间系统运行状态。严防基建工程启动调试期间，调控机构对系统运行掌控力弱化导致的故障应急处置能力和效率下降情况。工作中应做到，一是严格按照调度管理规程和相关规定，审核启动调试方案，明确调试指挥与调控机构的职责界面；二是加强启动调试前技术交底，调度人员全面掌握启动项目、运行方式变化及保护配合等内容；三是加强启动调试期间的过程管控，调度员实时掌控系统运行状态。

11. 强化风险预警预控。根据电网运行需要，提前发布风险预警，落实预防预控措施。严防因配合电网基建、技改工程等，安排多设备同时停电导致的运行结构严重削弱；严防未能准确及时梳理电网运行风险、发布风险预警、落实预控措施导致的电网故障扩大。工作中应做到，一是对电网结构影响较大的停电计划，必须通过专题安全校核；二是严格执行风险预警管理相关规范，坚持"先降后控"原则，制定相应预案及预警发布安排，明确基建、运检、营销、调度等专业安全措施，停电操作前确认措施已落实到位；三是对可能构成一般及以上事故的停电项目，按规定向政府部门备案。

12. 强化安全校核。年月度电量计划、中长期交易和短期交易必须通过电网安全校核。严防年月度电量计划、中长期交易和短期交易未经电网安全校核，导致计划和交易执行过程中不满足电网运行控制要求，威胁电网安全。工作中应做到，一是加强年月度电量计划、中长期交易和短期交易的量化安全校核，确保电网安全裕度；二是完善年月度电量计划、中长期交易的安全校核手段。

13. **加强交直流协调配合。** 在特高压直流快速发展和大功率送电的形势下，充分考虑交直流系统间相互影响，统筹协调直流系统和交流电网的保护、安自、发电机涉网保护。严防直流闭锁、换相失败、再启动等直流故障，可能引发的交流系统频率、电压大范围、大幅度波动；严防直流故障时，因保护、安自等装置策略失配导致的保护、安自装置误动，扩大故障影响范围；严防交流系统开关拒动或 TA 死区故障，导致多回直流同时发生连续两次以上换相失败，送受端电网遭受重大冲击。工作中应做到，一是适应特高压交直流运行需要，建立国（分）省协同的交直流系统控制、保护、安自装置整定机制；二是综合考虑计算分析结果、设备运行规范、直流控制保护逻辑及定值等因素，提出直流送受端交流电网的保护、安自装置、发电机涉网保护配置策略；三是针对特高压直流送受端的交流电网保护、安自、机组涉网保护、机组涉网性能进行全面排查整改。

14. **强化并网电厂管理。** 并网电厂频率、电压的调节能力和耐受能力应满足电网运行需要。严防机组一次调频功能不达标、频率响应特性恶化，导致在严重功率缺额等故障时低频减载动作，损失负荷；严防机组 PSS、调速器等涉网参数不符合要求，导致在部分运行方式下的功率振荡和电网连锁故障；严防机组耐压、耐频能力不达标，在特高压直流闭锁、换相失败等大扰动下可能发生机组无序跳闸，引发连锁故障；严防新能源涉网参数不达标，故障情况下出现新能源大规模无序脱网，扩大故障影响范围。工作中应做到，一是确保并网机组调频、调压等各项涉网性能符合国家、行业标准要求，接入所在电网 AGC、AVC；二是排查新能源场站频率、电压的调节能力和耐受能力是否满足电网运行要求；三是对不满足涉网相关标准的并网机组，督促发电企业完成整改；

四是并网电厂涉网相关问题及重大风险向政府主管部门做好汇报及备案。

15. 合理整定继电保护和安全自动装置定值。依据规程规定和计算分析结果整定保护和安自装置定值，杜绝误整定。严防整定人员对于装置原理和设备功能、动作逻辑等不熟悉，部分单位对于参数管理不严格，未严格执行整定规程和运行规定，导致误整定。工作中应做到，一是加强整定人员培训，参与现场调试，掌握装置构成、功能、动作原理；二是使用实测参数对保护定值进行计算和复核，并建立参数档案；三是严格执行整定规程和运行规定。

16. 加强电煤和水电厂水位监控预警。不发生重点火电厂缺煤或水电厂水位过低（过高）引发的被迫停机。严防重点火电厂因电煤供应不足，或重点水电厂因蓄水过少、水头过低和厂内水工建筑物事故造成的停机，影响电网安全稳定水平、电力电量平衡、无功电压支撑。工作中应做到，一是对于影响电网安全稳定水平、无功电压支撑的重点火电厂，加强电煤监测、预警及应急管理，加大协调力度，避免发生缺煤停机；二是加强水电厂水位监测和来水预测、预警，统筹同流域上下游水库发电安排，避免发生水电厂因水库水位或上下游水头过低被迫停机的情况，配合有关部门避免发生漫坝和水淹厂房等厂内事故；三是对于可能因电煤供应和水位问题造成的重点电厂停机，提前开展滚动校核，及时调整电网运行方式。

17. 完善应急处置预案。严格落实国家和公司的大面积停电事件应急处置预案，国（分）省调控机构协同制定应急处置预案。严防预案与电网运行具体情况结合不紧密，对重大故障考虑不全面，未按照上下级调控机构协同处置方式进行编写；严防网架结构变化和运行方式等因素变化后，未及时滚动修订和发布，未定期开展反事故演练或演练结束未开展后评估。工作中应做到，一是各级调控机构滚动修订应急预案，并严格按照流程进行发布；二是定期开展多级调度联合演习，调度运行人员全面掌握预案；三是演练后及时开展评估，总结分析演练成效，针对演练暴露出的问题，修订预案。

（二）设备管理方面

18. 加强继电保护装置管理。坚持继电保护"四性"原则要求。严防因保护装置采用合并单元、智能终端后快速保护动作时间延长，导致的电网故障未能及时切除、电网故障扩大；严防因合并单元故障导致多套保护不正确动作或闭锁；严防智能变电站SCD文件出错导致的继电保护不正确动作。工作中应做到，一是落实常规 TA 采样方式的智能变电站不经合并单元直接接入保护装置的反措要求，提升智能站保护速动性、可靠性；二是督导落实智能变电站 SCD 文件管理规定，定期检查和考核智能变电站SCD 文件管理情况；三是推进以"采样数字化、保护就地化、元件保护专网化、信息共享化"为特征的继电保护技术体系建设。

19. 加强保护、安自装置软件管理。坚持继电保护、安自装置软件全过程管控，杜绝未经专业检测的软件版本投入运行。严防工程调试和运行中，直流控制保护系统软件随意修改、版本审核不严；严防安全自动装置不正确动作导致影响电网安全运行。工作中应做到，一是完善直流保护软件修改审核机制，研究直流保护软件可视化页面校验码技术，实现软件修改自动校核和错误识别功能；二是开展直流控制保护系统模块化设计，组织装置入网检测，提高控制保护装置运行可靠性；三是开展安控装置"六统一"标准化设计以及专业检测，严把安控装置选型入网关，提升安控装置的标准化水平。

20．加强设备监控信息管理。坚持变电站监控信息全过程管控，严格监控信息表管理。严防因不同厂家设备之间、不同变电站同类设备之间存在信号设计不一致，导致变电站监控信息接入标准执行不到位；严防因变电站监控信息涉及多专业和部门协同不顺畅，导致信息表制定审核、监控信息接入验收等环节存在信息错误和遗漏。工作中应做到，一是严格按照调控机构设备监控信息标准和管理规定做好监控信息表制定、审核、变更和发布；二是坚持变电站监控信息全过程管理，严格执行监控信息接入验收管理，做好技术方案和工作措施，做好验收资料和报告的归档工作。

21．加强智能电网调度控制系统运行管理。保障智能电网调度控制系统的基础平台和各类应用正常运转。严防调度控制系统配置不满足标准要求、未实现双机冗余和通道冗余；严防自动化设备运行年限偏长，运行状态不稳定；严防系统检修未严格按照检修申请和批复流程，故障未及时发现或未及时处理。工作中应做到，一是定期对现有的调度控制系统开展全面评估分析，并根据运行要求完善管理制度和硬件配置，及时更换、维护相关设备；二是完善自动化设备的运行监视和巡检，及时发现故障并严格执行设备检修申请和批复流程；三是建立健全备用调度系统建设运转机制，逐步实现主调系统故障情况下备用系统对调度全业务的实时支撑；四是针对省级以上调控机构 D5000 系统投产超 8 年后硬件故障增加情况，及时提出系统技改、大修计划安排，完善调度技术支持系统硬件运行、维护及备用机制，确保技术支持系统稳定运行。

22．加强自动化机房及电源管理。保障自动化机房安全防护及正常运转。严防自动化机房环境、火警、防水及设备接地等不满足要求；严防机房未设置符合安全防护标准的门禁系统，外来维护开发人员管理不严；严防单电源供电、电源运维不当、UPS负载未达到冗余配备，造成自动化设备停运或损坏。工作中应做到，一是严格执行机房温（湿）、烟、水及空调、电源系统等建设、告警、运维标准；二是严格执行外来维护、开发人员管理制度；三是按照要求完善主备调系统供电回路和 UPS 电源，加强设备运行维护。

23．加强电力监控系统安全防护。坚决守住电力监控系统网络边界防线。严防发电企业涉网安全防护网络非法外联、远程运维，破坏生产控制大区横向边界；严防变电站调度数据网节点未完成纵向加密认证装置部署，个别纵向加密装置存在"大明通"策略，不能有效阻断病毒传播和网络攻击，局部事件可能扩大；严防配电自动化和负荷控制系统使用无线通信方式，横、纵向边界防护措施不到位，系统被远程控制甚至下发非法操作指令。工作中应做到，一是切实履行技术监督职责，排查网络安全漏洞和风险隐患，督促并网电厂（尤其新能源电站）按照安全防护各项要求落实整改措施；二是加快推进建设项目实施，实现 35kV 及以上变电站生产控制大区纵向加密认证装置全覆盖，强化纵向边界防护；三是完善配电自动化和负荷控制系统的安全防护方案，加强安全接入区和营销生产控制专区建设，落实纵向边界的双向认证措施，加强安防工作的技术监督与管理，提高配电自动化和负荷控制系统安全防护水平；四是各类技术支持系统功能建设必须与安全防护同步设计、同步建设、同步运维。

24．加强电力监控系统网络安全监测。坚持实时监视与管控电力监控系统网络安全事件。严防内网安全监视平台监视范围不足、告警单一，不能全面核查、监视、审计、分析电力监控系统网络与设备的外部安全威胁和内部不安全行为。工作中应做到，一是推进地级及以上调控机构网络安全监管平台建设和升级工作，实现对外部网络侵入、外部设备接入、违规操作等行为的监视与告警，提升安全事件分析、安全审计、安全核查能力；二是推动变电站（换流站）、发电厂网络安全监测装置的部署，实现对厂站内部网络与设备的安全监视与管控。

25. 完善新能源发电设备检测与运行监视。坚持新能源发电设备参数实测检定、全过程监督管理。严防新能源设备厂家送检原型设备与新能源电厂实际配置同型号设备参数不一致，造成涉网性能不满足要求；严防对新能源并网设备参数实测程度和全过程管控能力不足，新能源场站、调度机构、技术支撑单位涉网参数信息未实现贯通。工作中应做到，一是加强新能源场站验收前设备参数收资及参数在线管理；二是细化验收细则和现场核查，确保检验报告与设备型号一致；三是并网设备的性能或参数变更时，按照《国家能源局风电机组并网检测管理暂行办法》，要求发电企业重新送检并确定衍生型号，检测合格后重新办理并网手续；四是完善风电场监控系统建设，提高对风电单机运行情况实时监控的能力。

（三）人员队伍方面

26. 提高人员编制与到位率。调控机构人员岗位配置和实际到位率应满足安全工作要求。严防因调控机构人员编制不足、到位率偏低、结构性缺员、人员业务工作量过大，导致的安全生产事件。工作中应做到，一是建立覆盖各级调控机构的业务承载力评估体系，分层分级科学开展业务承载力分析；二是加强沟通协调，争取提高调控机构人员编制和到位率；三是强化支撑单位对调控系统的技术支撑与服务。

27. 加强安全教育培训。调控机构各专业人员树立全员安全理念，具备应有的业务素质和能力。严防未及时开展安全教育和业务培训，安全理念和业务素质不满足生产要求；严防安全责任不明确，运行风险及生产中问题未及时解决，专业人员安全生产红线意识不强，导致不安全行为。工作中应做到，一是结合电网运行实际及发展要求，制定安全教育和业务培训计划，并定期开展培训及考试；二是建立健全安全生产责任制，明确中心各专业人员安全生产责任；三是落实调度安全生产季度（月度）例会制度，分析解决运行中的问题及风险。

28. 严格调控运行持证上岗管理。接受调度指令的值班调度员、监控员、电厂及变电站运行值班员应严格执行调度指令并持证上岗。严防未开展调度规程规定及相关业务培训学习，人员业务素质不满足岗位要求，执行调度指令存在偏差，导致误调度、误操作。工作中应做到，一是调控运行值班人员定期到现场熟悉运行设备，重点了解新投运设备和采用新技术的设备；二是调度员、监控员、电厂及变电站运行值班员等人员应具备符合岗位需要的业务能力，定期培训学习，通过上级调控机构考试持证上岗。

（四）制度标准方面

29. 完善标准体系。标准体系应满足电网发展、技术进步及市场化改革对管理和技术的要求，调控运行有法可依、有据可依。严防在电网快速发展、新技术大量应用情况下，未能及时制定、修订相关技术标准和规程规定，导致电网调控、设备运行依据不足；严防市场化改革条件下，电网运行规则发生改变，相关标准制度不健全、不完善导致的安全运行风险。工作中应做到，一是根据电网调控运行需要，全面梳理标准体系，分析标准制度适应性并及时修订完善；二是积极参与市场化改革，以不削弱调控机构保障电网安全的能力为目标，研究制定相关市场规则和技术标准。

30. 完善大运行和大检修体系协同建设。调控机构监控运行业务与大检修体系合理分工。严防因职责界面不清导致的连带追责风险；严防监控规模大幅增长、极端天气、突发大面积电网故障、春秋季检修操作集中等情况下的漏监、误监和误操作。工作中应做到，一是加强运维站的技术支撑能力，结合运检管控中心建设，明确运维单位变电站安消防、工业视频、在线监测、站用交直流等信息监视的主体责任，与调控机构负责的影响电网运行的设备监控信息互有重点、互为补充；二是加强监控技术手段建设和人员配置，研究春秋检高峰期和电网严重故障情况下的应对措施。

国调中心

2017 年 9 月 4 日

第二部分

调控系统本质安全要点释义

一、电网运行方面

第一条 严格执行标准

严格执行 DL 755《电力系统安全稳定导则》等运行控制标准。严防在电网运行中不执行稳定标准及运行规程规定，导致电网运行风险未实现"可控、能控、在控"。工作中应做到，一是严格按照 DL 755《电力系统安全稳定导则》、DL/T 1234《电力系统安全稳定计算技术规范》等标准、规定，开展电网运行相关计算分析工作；二是依据 DL 755《电力系统安全稳定导则》及系统计算分析结果，制定电网运行规定、稳定限额和稳定控制措施；三是对于突破 DL 755《电力系统安全稳定导则》设防标准的特殊情况，必须制定并落实相关安全措施。

⏱ 释义 ➡

本条款要求严格按照 DL 755《电力系统安全稳定导则》等运行控制标准开展电网稳定分析和运行控制规定制定工作，严防不遵守标准及运行规程规定发生电网失控风险。

（一）主要安全风险

下列行为可能导致电网失稳、用户停电、设备损坏等电网事件：

（1）对运行控制标准及运行规程规定不熟悉，未按照标准制定稳定运行控制措施。

（2）电网运行中没有严格执行稳定标准及运行规程规定，导致电网运行风险未实现"可控、能控、在控"。

（3）对于突破 DL 755《电力系统安全稳定导则》设防标准

的特殊情况，计算分析不深入，预控措施不全面，安全管控不到位。

（二）主要工作措施

1. 严格按照 DL 755《电力系统安全稳定导则》、DL/T 1234《电力系统安全稳定计算技术规范》、Q/GDW 1404《国家电网安全稳定计算技术规范》等标准、规定，开展电网运行相关计算分析工作

（1）加强学习培训。应加强对 DL 755《电力系统安全稳定导则》、DL/T 1234《电力系统安全稳定计算技术规范》、Q/GDW 1404《国家电网安全稳定计算技术规范》等标准、规定的学习宣贯工作，定期组织相关专业人员开展培训，确保专业人员熟练掌握并准确理解相关标准、规定。

（2）严格执行计算标准。按照上述标准、规定要求，结合系统的具体情况和上级调控机构要求，认真开展所需的电压无功分析、静态安全分析、短路电流安全校核、静态稳定计算、暂态稳定计算、动态稳定计算、电压稳定计算、频率稳定计算以及再同步计算等工作，杜绝漏算现象。

2. 依据 DL 755《电力系统安全稳定导则》及系统计算分析结果，制定电网运行规定、稳定限额和稳定控制措施

（1）确保计算可靠。及时做好计算软件基础数据的更新维护，保证电网计算模型应与电网实际运行方式相符合，确保软件计算结果准确可靠；注重运行方式变化对系统稳定运行的影响，总结电网运行经验和事故教训，确保计算范围全覆盖。

（2）注重安全校核。根据电网结构变化情况，及时校核调整继电保护定值、安控策略，滚动修编电网运行规定、稳定限额和控制措施。

（3）做好方案编制。应在稳定计算分析的基础上进行运行控制方案编制。运行控制方案中应有正常方式和正常检修方式的控制要求。特殊方式和事故后方式的控制要求，应视情况另行处理。在确定运行控制限额时，应根据实际需要在计算极限的基础上留有一定的稳定储备，并适当考虑潮流波动情况。

3. 对于突破 DL 755《电力系统安全稳定导则》设防标准的特殊情况，必须制定并落实相关安全措施

随着特高压交直流电网混联的加强，交流线路单一故障可能引起多回直流换相失败，同送同受多回直流同时闭锁的概率逐步增加，已超出 DL 755《电力系统安全稳定导则》规定的三级安全稳定标准的设防情况。同时，根据目前电网网架结构情况，部分母线发生 $N-2$ 故障时，可能造成局部区域损失负荷比例将达到《电力安全事故应急处置和调查处理条例》（国务院令 599 号）规定的一般以上事故等级，影响较大。

针对以上可能出现情况，应加强特高压交直流混联电网运行机理及特性研究，制定必要的稳定控制策略，提升事故后直流调制功率，增强电网频率、电压控制能力，避免事故范围扩大。根据《电力安全事件监督管理规定》（国能安全〔2014〕205 号）文件要求，将相关电网风险事件及时向国家能源局进行报备，同时结合电网发展规划，逐步消除电网风险事件。

（三）典型案例

1. 事件概况

某年某分层分区运行的 220kV 变电站进行 110kV Ⅱ 母检修工作。事前运行方式为#1、#2 主变压器 110kV 断路器处 Ⅱ 母运行，#3 主变压器 110kV 断路器处 Ⅰ 母运行，110kV 旁路断路器处代母

联断路器热备用状态。操作过程中，运行人员将 110kV 旁路断路器改为代母联断路器运行状态，并投入过流保护，当先后拉开#1、#2 主变压器 110kV 断路器后，110kV 旁路断路器过流保护动作，跳开 110kV 旁路断路器，造成 110kV Ⅱ母及所供的 2 个110kV 变电站失压。

2．暴露主要问题

（1）在检修方式安排时，相关专业人员未开展有效计算校核工作，未发现 110kV 旁路断路器继电保护定值不满足要求，未采取负荷转移、修改有关保护定值等预控措施。

（2）操作前，调度员未开展实时潮流计算，对负荷转移潮流把握不准确，导致旁路断路器过流保护动作，造成 110kV Ⅱ母线及所供的 2 个 110kV 变电站失压。

第二条 强化电网运行结构管控

严格按照稳定标准和运行规程规定管控电网运行结构。严防为配合基建工程、改扩建工程、设备检修等工作，安排多个元件同时停电、过度削弱电网运行结构所导致电网稳定破坏或负荷损失。工作中应做到，一是加强与基建、运检等部门沟通协调，优化工作安排，坚决杜绝严重削弱电网结构的多重停电方式，保障电网运行结构合理；二是针对多重停电方式开展计算分析和风险评估，制定安全措施；三是根据风险等级及管理规定，提前发布风险预警通知单和向政府部门备案。

⊙ 释义 --->

本条款要求严格按照稳定标准和运行规程规定管控电网运行结构，保障电网停电检修安全，防止多元件同时停电、电网结构过度削弱导致稳定破坏或负荷损失。

（一）主要安全风险

（1）严重削弱电网结构。为配合基建工程、改扩建工程、设备检修等工作，需要安排多个元件同时停电，严重情况下电网运行结构过度削弱，如果发生故障可能导致电网稳定破坏或负荷损失。

（2）安全措施不到位。未对停电安排进行风险评估或分析不全面，导致未针对可能存在的电网风险制定安全管控措施，存在导致电网稳定破坏或负荷损失的风险。

（3）风险预警管控不到位。未按照要求提前发布电网风险预警，各专业未采取相应的风险管控措施，可能导致电网稳定破坏或负荷损失。电网风险预警未向政府备案，存在扩大事故影响、出现社会舆情的风险。

（二）主要工作措施

1.加强与基建、运检等部门沟通协调，优化工作安排，坚决杜绝严重削弱电网结构的多重停电方式，保障电网运行结构合理

（1）优化停电施工方案。积极参与工程前期的可研、初设审查，从源头把关，对同一工程涉及多个元件同时停电导致电网结构严重削弱的施工方案严格审查，通过优化调整停电施工方案，避免多个元件同时停电。

（2）合理安排停电计划。对于多单位、部门报送的关联设备（组成同一输电断面的输变电设备、输变电能力互相耦合的设备，或对局部电网电力供需、用户供电可靠性以及清洁能源消纳产生共同影响的发电和电网设备视为关联设备）同时停电存在严重削弱电网结构的，应在有效停电窗口期内通过调整设备停电时间，避免多个元件同时停电。

（3）适时调整停电计划。停电计划发布后，由于电网运行状况发生变化导致电网有功出力备用不足或电网受到安全约束时，应对相关的发、输、变电设备检修计划进行必要的调整，并及时向受到影响的各电网使用者通报。

2. 针对多重停电方式开展计算分析和风险评估，制定安全措施

针对多重停电方式，应根据 DL 755《电力系统安全稳定导则》进行专题安全校核，检验继电保护和安全稳定措施是否满足要求，并根据《电网运行风险预警管控工作规范》（国家电网安质〔2016〕407 号）进行风险评估，充分辨识电网运行方式、运行状态、运行环境、电源、负荷等其他可能对电网运行和电力供应造成影响的风险因素，按照"先降后控"的原则制定安全稳定措施及运行控制方案。

3. 根据风险等级及管理规定，提前发布风险预警通知单和向政府部门备案

（1）准确定级。《电网运行风险预警管控工作规范》（国家电网安质〔2016〕407 号）中按照"分级预警、分层管控"原则，对总部、分部、省、市预警发布条件进行了规定，调控部门针对停电方式进行风险分析后，根据《国家电网公司安全事故调查规程》（国家电网安监〔2011〕2024 号）对风险准确定级。

（2）提前预警。计划性预警发布应预留合理时间，"预警通知单"应在工作实施前 36h 发布，四级以上"预警通知单"应在工作实施前 72h 发布；输变电设备紧急缺陷或异常、自然灾害、外力破坏等突发事件引发的电网运行风险，达到预警条件，调控部门在采取应急处置措施后，及时通知相关部门和责任单位。预计风险在 24h 内不能消除的，应及时补发风险预警。

（3）政府备案。四级以上风险预警，相关单位分别向国家能

源局及派出机构、地方政府电力运行主管部门行文报送"电网运行风险预警报告单"。一、二级风险预警,国家电网有限公司向国家能源局、国家发改委经济运行局报告。

(三)典型案例

1.事件概况

某双台主变压器运行的 220kV A 站,其 110kV 作为某电铁牵引变电站 B 站备用电源。某年迎峰度夏期间,某日共安排两处计划检修同时进行,一是 A 站将#2 变压器转检修进行主变压器中压侧套管漏油处理;二是 B 站主供回路进线刀闸发热处理。当日 A 站#2 变压器停下后,高峰负荷到来时#1 主变压器负载率达 95%,恰好该时刻电铁单相冲击负荷到来,A 站#1 主变压器变严重过载,其负荷的不对称性使主变压器后备保护复压闭锁开放,同时电流达到过流Ⅲ段保护定值,导致#1 变压器复压闭锁过流Ⅲ段跳闸、A 站 110kV 失压、一类重要用户电铁牵引变电站 B 站失压,构成五级电网事件。

2.暴露主要问题

(1)检修方式安排不合理。一级用户变电站 B 站主供电源与其备用电源所在的上一级变电站 A 站站内主变压器同时安排检修,削弱了 B 站的供电可靠性,两者检修可安排在不同的停电时间。

(2)风险评估不到位。停电安排时,未充分考虑电铁负荷的冲击特性,未安排 A 站其他负荷转供,相应风险评估不充分,造成#1 变压器复压闭锁过流Ⅲ段跳闸、A 站 110kV 失压、一类重要用户电铁牵引变电站 B 站失压。

(3)风险管理不到位。由于风险评估不到位,导致风险定级不准确,未按照有关规定提前发布风险预警通知单,制定安全稳定措施及运行控制方案。

第三条 合理安排机组组合

合理安排机组组合，保证满足电网稳定运行控制要求。严防受市场交易、清洁能源消纳等因素影响，常规电源开机方式过小、不满足稳定控制要求导致的系统稳定破坏或负荷损失。工作中应做到，一是根据电网稳定控制、电压支撑、电力电量平衡等方面需要，制定最小开机方式；二是对于多重停电等重大方式变化，滚动校核最小开机方式；三是电网运行方式安排和实时运行中严格执行最小开机方式；四是分中心对本网主力发电机组运行状态进行许可管理。

⏱ 释义 ┄┄➤

本条款要求合理安排机组组合，加强滚动校核，满足电网稳定运行控制要求，防止因机组开机方式安排不当导致稳定破坏或负荷损失。

（一）主要安全风险

（1）最小开机方式安排不合理。受市场交易、清洁能源消纳等因素影响，常规电源开机方式过小，不满足稳定控制要求，如果发生故障可能导致系统稳定破坏或负荷损失。

（2）未开展最小开机方式滚动校核。多重停电等原因导致电网结构、运行方式发生重大变化时，未重新校核最小开机方式，未及时采取有效预控措施。

（3）未严格执行最小开机方式。在电网运行方式安排和实时运行中未严格执行最小开机方式要求。

（4）对全网许可机组管理不严，全网机组备用容量不足。

（二）主要工作措施

1．根据电网稳定控制、电压支撑、电力电量平衡等方面需要，制定最小开机方式

最小开机方式应满足电网稳定控制、电压支撑、电力电量平衡、继电保护装置灵敏度等方面要求。

（1）要满足电网稳定断面及设备运行约束，以跨区跨省计划为边界条件，合理评估相关稳定断面及设备运行约束，优化最小开机方式。

（2）要满足电力电量平衡，火电、水电、核电等发电机组按照等效容量纳入电力电量平衡，风电、光伏等间歇式电源按照预测电量纳入电量平衡，水电、燃机等受电量约束，以及火电机组燃煤不足时，应按照可调电量纳入电量平衡。

（3）要满足电压支撑，尤其是特高压交直流混联受端电网长期采取小开机方式，将造成电网动态无功备用大幅减小，易造成电压崩溃。

2．对于多重停电等重大方式变化，滚动校核最小开机方式

由于多重停电等原因导致电网结构、运行方式发生重大变化时，应重新检验继电保护和安全稳定措施是否满足要求，并根据电网稳定控制、电压支撑、电力电量平衡等方面需要，重新校核最小开机方式。

3．电网运行方式安排和实时运行中严格执行最小开机方式

随着特高压交直流电网混联的加强，交流线路单一故障可能引起多回直流换相失败，同送同受多回直流同时闭锁的概率逐步增加，严格执行直流近区最小开机方式，有利于预防交流电网严重故障导致的直流闭锁。

4. 各分中心对本网主力发电机组运行状态进行许可管理

（1）强化全网机组运行管控。按照"区域预测、总量留取、各省分担、全网共享"的原则，加强全网备用留取的集中统筹安排，在满足系统安全运行、电网可靠供电、水库运用、火电供热的前提下，优化机组开机方式。充分利用各区域电网负荷特性差异，合理考虑跨区直流支援能力，建立跨区备用共享机制，进一步降低火电开机容量，为新能源腾出消纳空间。针对调峰较为困难的区域和时段，应建立区域调峰应急机制，统筹调峰资源。

（2）积极组织开展跨省区交易。以加大新能源消纳力度为导向，积极促进现行省间电能交易体系的完善，培育更多的市场主体。送端电网应加强负荷预测，细化机组组合，新能源省内消纳能力用尽后积极组织区域内省间交易，全区域消纳能力用尽后积极参与跨区现货交易，提升关键通道利用率，促进新能源在更大范围内消纳。受端电网应严格落实国家电网有限公司关于新能源消纳的相关要求，增强全局意识，细化电力电量平衡分析，优化机组开机方式，积极争取当地政府部门的政策支持，合理申报跨区现货电力电价曲线，有效破除省间壁垒，最大限度消纳区外清洁能源。

（三）典型案例

▶▶ 典型案例一

1. 事件概况

某年某电网最大负荷 73040MW，增幅仅为 2.77%。跨区外送电量为 408.24 亿 kWh，同比降低 0.48%；累计消纳外来水电 73.41 亿 kWh，同比增加 65.27%；弃风电量为 166 亿 kWh，弃风率 30%（同比增加 20%）；弃光电量 46.5 亿 kWh，弃光率 17.6%（同比增加 4%）。消纳空间和调峰能力不足成为新能源受阻的主要因素，由此产生的受阻电量占到总受阻电量的 70%以上。

2．有益经验

在管理上，建立"月前集中编制、月中刚性执行、次月强化后评估"的闭环管理工作机制，建设完成月度机组组合系统，开展月度机组组合管理，以月度机组组合管理为抓手，推进发电能力申报、备用管理以及两个细则等专业管理。在技术上，合理安排机组组合，从 EMS 获取电网模型、历史负荷、断面约束、实际状态，从 OMS 获取停电计划、电量计划、出力上下限等边界条件，通过算法自动生成系统负荷、联络线计划、水电出力、光伏出力、最小启停时间、最小开机方式。

（1）电网安全性提升。统筹考虑月度输变电设备停电计划、月度机炉检修计划及月度机组组合，保证三者紧密配合、衔接，将安全关口前移至月度，实现了对电网运行安全预控。

（2）备用合理性提升。通过预控，确保了全网及各省日正备用在合理范围内，保证系统安全可靠的前提下，兼顾电网安全性和经济性的协调。

（3）新能源消纳能力提升。分日计算出后夜低谷时段和光伏大发时段的新能源消纳能力，在保证电网安全的基础上，严控开机方式，提升了新能源消纳水平。

（4）日前方式安排规范性提升。月度机组组合的管理有利于提升日前启停机组的合理性、有序性和规范性，减少各方的利益冲突和矛盾，保证月度计划刚性执行。

▶▶ 典型案例二

1．事件概况

某地区一条 110kV 并网线路计划检修，安排一条 35kV 联络线供 1 个 110kV 变电站，同时作为 3 个 110kV 电厂的并网通道。

检修期间，安排了某电厂开机 3 台的计划，电厂运行人员按照批复计划申请开机，从而导致 35kV 线路严重过载，弧垂降低，最终引起跳闸，1 个 110kV 变电站、3 个 110kV 电厂均失压。

2. 暴露主要问题

未按照规定的机组运行方式执行。考虑到 35kV 线路的负荷承载力，制定了特殊运行方式控制规定，并明确 3 个 110kV 电厂的开机方式，每个电厂开机均不允许超过 1 台。但计划安排未按控制规定执行，从而导致 35kV 线路严重过载，弧垂降低，最终引起跳闸，1 个 110kV 变电站、3 个 110kV 电厂失压事故。

第四条 严格稳定限额管理

严格执行根据系统计算分析结果和稳定标准制定的稳定限额。严防随意变更稳定限额或超稳定限额运行导致的电网事故扩大。工作中应做到，一是细化系统计算分析，严格执行稳定标准和运行规程规定，科学制定稳定限额；二是国（分）省调控机构开展联合量化安全校核，确保安排发输电计划和交易结果时，断面潮流不超稳定限额；三是加强电网运行监控，严禁超稳定限额运行。

⌚ 释义 ---→

本条款要求严格执行根据系统计算分析结果和稳定标准制定的稳定限额，使电力系统有足够的稳定储备，防止系统发生稳定破坏时造成事故范围扩大，确保系统运行稳定性。

（一）主要安全风险

（1）未严格执行稳定标准和运行规程规定。稳定限额制定未经科学计算，随意变更稳定限额或超稳定限额运行，不满足或降低电网安全裕度。

（2）安排发输电计划和交易结果时，上下级调控机构未能有效开展联合量化安全校核，导致断面超稳定限额运行，存在扩大电网事故或局部失稳的风险。

（3）电网运行监控不到位或技术支撑手段不完善，未能及时根据电网负荷、潮流变化进行有效调整，导致超稳定极限运行。

（二）主要工作措施

1. 细化系统计算分析，严格执行稳定标准和运行规程，科学制定稳定限额

（1）严格执行标准规定。深入学习 DL 755《电力系统安全稳定导则》、GB/T 26399《电力系统安全稳定控制技术导则》等规定，理解和掌握稳定限额计算流程，严格执行计算要求。

（2）科学制定稳定限额。根据系统的具体情况和要求，开展对系统的静态安全分析、静态稳定计算、暂态稳定计算、动态稳定计算、电压稳定计算、频率稳定计算以及再同步计算等，并对计算结果进行认真详细的分析，制定出科学的稳定限额，确保计算范围全覆盖，杜绝漏算现象。

2. 国（分）省调控机构开展联合量化安全校核，确保安排发输电计划和交易结果时，断面潮流不超稳定限额

（1）加强安全校核计算。充分开展国调-分调-省调三级联合方式安全校核计算，确保低一级电网任一元件任何类型的单一故障不影响高一级电网安全稳定运行，保障电网大规模互联后的安全稳定运行。

（2）合理安排发输电计划和交易结果。树立大电网意识，根

据安全校核结果，加强发输电和交易计划管理，确保各级断面潮流不超稳定限额。

3．加强电网运行监控，严禁超稳定限额运行

（1）加强电网一体化管控。严格按照相关规定要求，加强重要设备、重要断面的运行监控，严格控制电网各重要断面的稳定限额。针对易超限断面提前做好预控措施，严控重要断面潮流，严禁超稳定限额运行。

（2）强化超稳定限额控制措施。电网断面超稳定限额运行时，电网运行的稳定裕度将大幅降低，抵御故障冲击的能力严重削弱，必要时采取有序用电、调停机组等措施，严防大电网稳定破坏、大面积停电事故，杜绝调控人员责任事故。

（三）典型案例

1．事件概况

某省东部电网正常方式下由三回 220kV 线路与主网联系。某日一回线路检修，仅剩两回 220kV 线路与主网联系，两回线路的稳定限额为 350MW，但是当日两回 220kV 线路输送功率达到 580MW。7 时 59 分，其中一回线路由于电流达到 1150A（允许电流为 1030A），导致弧垂增大，对树放电，发生单相接地，引发系统振荡，造成东部电网崩溃。

2．暴露主要问题

（1）调控员未严格执行限额管控。未执行稳定限额是此次事故的主要原因，当日值班人员对限额管控不力，未采取果断措施控制线路潮流。电网断面超稳定限额运行时，电网运行的稳定裕度大幅降低，应当采取各项措施控制限额，必要时采取有序用电等措施。

（2）地区公司未严格执行限额管理要求。当日东部电网各地

区未能严格执行下达的用电指标控制负荷，超计划用电，省调虽一再通知各地控制负荷，但是未能严格执行。

第五条 合理安排有功备用容量

严格按照 DL 755《电力系统安全稳定导则》、SD 131《电力系统技术导则》等标准、规程规定，留取充足的有功备用容量，保证电网安全裕度。严防在发输电计划制定阶段，有功备用不满足稳定控制或电力电量平衡要求；严防实时运行阶段，未根据负荷、开机方式等变化及时调整系统运行方式，造成有功备用不足。工作中应做到，一是调度计划阶段，严格按照标准、规程规定，留取充足的有功备用；二是加强运行监控，及时根据实际情况调整方式，保证备用满足要求；三是完善国（分）省调控机构有功备用监视和分析手段。

⏱ **释义** ···▶

本条款要求不发生由于备用预留不足导致的电网频率事故或负荷损失，保证电网安全稳定运行。

（一）主要安全风险

（1）对最小正备用配置原则执行不到位，预留正备用不足导致负荷向上偏差、新能源预测偏差、机组跳闸、直流闭锁等不确定事件引起的电网功率缺额。

（2）对最小负备用配置原则执行不到位，预留负备用不足导致负荷向下偏差、清洁能源超预期发电、外送通道突然失去等突发情况引起的电网高频事件。

（3）调控机构有功备用监视和分析手段不足，未能及时根据实际情况调整方式引起的电网功率缺额。

（二）主要工作措施

1. 在调度计划阶段留取充足的有功备用

（1）精准开展计算。严格执行调度计划管理规定，加强电力平衡管理，建立部门日前会商机制，开展电网最小正负备用计算分析。

（2）提升安全裕度。要留足电网运行正、负备用，论证多种电网运行方式，满足负荷波动、单台大机组跳闸、单一电网元件故障导致的多台大机组失去，以及单一直流双极闭锁冲击等事件下电网备用需求。在汛期以及节假日时段应适度预留较大的运行负用，满足电网频率控制和清洁能源消纳要求。

2. 加强运行监控，及时根据实际情况调整方式，保证备用满足要求

（1）加强网源协调。积极探索电网侧储能新技术研究与应用，充分发挥储能电站削峰填谷、需求响应和紧急支撑等作用。优化新能源超短期预测，提升功率预测实用化水平。科学控制抽水蓄能电站水位，有效发挥调峰能力。

（2）发挥协调优势。统筹全网调峰资源，精细挖掘电网实时消纳空间，充分开展省市互济，最大程度消纳新能源。

（3）充足应急储备。一旦发现日内备用不满足最小留取容量要求时，应及时调整电网运行方式，可通过购电、增开或调停机组、有序用电等措施满足运行正负备用要求，确保电网安全稳定运行。

3. 完善调控机构有功备用监视和分析手段

完善有功备用监视和分析手段，根据超短期负荷预计自动计算备用容量，并注意备用容量分布是否合理，及时提供电网备用不足告警信息及满足备用容量建议。对于可能存在受电或外送卡

口的地区，应能监视分区备用容量。

（三）典型案例

1．事件概况

某年 5 月中旬，南方某省遭遇第一波高温袭击，负荷逐日攀升，电力平衡极其紧张。在分中心统一安排下，通过区域电力支援，省间临时购电，增开天然气机组等措施，满足了白天高峰负荷用电需求。晚高峰过后，由于天气异常闷热，负荷一直居高不下，天然气机组由于日发电用气耗尽，逐台申请停机，日内高峰时段临时购电到期后逐步取消，全省受电不断降低，电网备用已不满足最小备用要求，但调度员并未引起高度重视。临近 22:00，由于地区小水火电逐步停机，负荷呈现脉冲上升，此时又有一台 1000MW 燃煤机组突然跳机，导致省间联络线电力大量受进，系统频率跌落至 49.94Hz。调控分中心采取临时调整抽蓄机组发电，相邻省市增大机组出力等措施，最终将频率恢复至 50Hz。

2．暴露主要问题

（1）未根据实际情况及时调整电网备用。调度员未对当日高温天气带来的特殊情况引起重视，未对当日的各项临时措施结束后情况做出预判，未能根据电网中燃气机组燃气供应情况开展正备用科学计算，跨省跨区购电计划安排不合理导致安全裕度不足。

（2）有功备用监视和分析手段不完善。未能对网内燃气机组燃料供给情况进行动态监视，对网内电力平衡能力分析手段和风险预警手段不足，不能有效指导和支撑电网运行人员及时进行出力调整。

（3）应急储备能力缺乏。一旦发现日内备用不满足最小留取容量要求时，运行人员未能及时通过购电、增开或调停机组等措施保证电网安全裕度。

第六条　加强电网频率管理

严格按照标准或运行规程规定，开展电网频率管理和控制。严防发电机组一次调频功能未投入或性能不满足要求，故障情况下系统频率不能及时恢复或造成负荷损失；严防在运行阶段，区域控制偏差（ACE）调整不当，影响联络线功率和频率控制；严防安控联切负荷、频率协调控制系统、低频减载等控制策略配合不当，造成负荷过切或欠切。工作中应做到，一是并网机组必须满足调频、调速等频率相关涉网标准要求；二是合理制定 AGC 和联络线关口控制策略，加强 ACE 的运行监视和控制；三是统筹协调第二、三道防线，合理整定控制策略；定期核查低频控制措施有效性（包括装置自身和可切容量）。

⏱ 释义 ┄┄➤

本条款要求严格按照标准或运行规程规定，开展电网频率管理和控制，保证电网在规定的频率范围内正常运行，向用户提供频率质量合格的电能，事故情况下不能因频率异常造成连锁反应，造成系统崩溃。

（一）主要安全风险

（1）在跨区联络线的密集通道发生事故，导致跨区大功率瞬间停止输送，在送端引发高频，在受端造成低频。区域内发生较大电厂全停事件，大量机组出力瞬时失去后造成低频。

（2）负荷预测不准或备用预留不足，高峰时段负荷超过供电能力，造成系统持续低频。节假日期间系统负备用预留不足，造成系统持续高频。

（3）机组一次调频容量不够，频率出现大扰动后响应速度不及时，造成频率偏差不合格持续时间较长。

（4）低频减载装置容量不足，出现事故低频后切除负荷数量不足，造成频率偏低，持续不合格。

（二）主要工作措施

1. 并网机组必须满足调频、调速等频率相关涉网标准要求

（1）加强接入管理。发电厂必须取得发电业务许可证，新机组并网前应签订《并网调度协议》，并组织对机组励磁系统、调速系统、涉网保护、AGC、AVC、电力监控系统安全防护等进行核查，确保满足涉网标准要求。

（2）强化运行管理。并网电厂应参与系统调频、调峰和调压，机组一次调频性能应满足 GB/T 31464《电网运行准则》要求，并按规定投入，未经调度许可不得退出。调控机构应严格按照"两个细则"要求，对机组调频性能进行考核。

2. 合理制定 AGC 和联络线关口控制策略，加强 ACE 的运行监视和控制

（1）完善策略制定。优化小扰动下的频率控制策略，完善大扰动下的频率紧急控制策略。值班调度员应监视好联络线关口，使联络线关口的 ACE 满足控制性能标准要求。

（2）留足系统备用。备用容量应满足 SD 131《电力系统技术导则》的要求。加强日前方式校核，对机组开机方式、备用容量进行充分评估。优化机组组合，保障 ACE 调整手段充足，确保满足电网运行要求。

（3）强化技术支撑。建设完善负荷预测系统，提升负荷预测及新能源发电预测的准确性，防止因预测偏差过大对发用电平衡造成影响。充分利用抽水蓄能机组及天然气机组的快速调峰能力，探索开发大规模储能技术，缓解新能源电厂发电及停机对电网 ACE 的冲击。

3．统筹协调第二、三道防线，合理整定控制策略；定期核查低频控制措施有效性

（1）统一调度管理。组织制定并严格落实全网低频减载方案，AGC、低频自启动、高频切机等自动装置均应由调控机构统一确定整定原则，其整定值的变更、装置的投入或停用，均应得到调度许可。

（2）筑牢安全防线。全面核查各电压等级安全自动装置的运行维护、检修调试、定值策略、通信通道及反措执行情况，杜绝超期未检和缺项漏项等情况，提高安控系统的运行可靠性。完善负荷批量快速拉路切除技术手段，确保信息沟通顺畅、电网应急控制措施落实到位。

（三）典型案例

1．事件概况

某日 21:58 分，某直流故障损失功率 4900MW（落地侧），故障发生前受端系统开机容量 16900MW，系统用电负荷 13900MW，所有直流送受端系统总功率 25700MW，故障前系统频率 49.973Hz。故障后，系统频率快速跌落，经过 12s 达到最低值 49.563Hz；30s 后动态 ACE 开始动作并分摊缺额功率；通过机组一次调频作用，系统频率在 58s 后恢复至 49.752Hz 的准稳态状态；随后在调度员人工加出力、AGC 动作等共同作用下，系统频率逐步上升，在 218s 系统频率恢复至 49.80Hz，经过 334s 恢复至 49.95Hz。各省市调控中心在动态 ACE 动作后 CPS 考核的激励机制作用下增加机组备用出力，系统频率经过 427s 后首次恢复至 50.00Hz。

2．有益经验

受端系统各道频率防线在本次频率扰动恢复过程中均发挥了

积极和重要的作用。动态 ACE 机制在故障发生 30s 后正确动作，分摊功率缺口 4900MW，加快了频率恢复过程。

（1）电厂涉网机组管理到位，相关涉网标准执行到位。系统涉网电厂严格执行调频、调速等频率相关涉网标准，前期规划较为合理，接入均能满足要求，日常运行管理较为到位。

（2）机组一次调频到位。并网电厂系统调频、调峰和调压，机组一次调频性能应满足 GB/T 31464《电网运行准则》要求，并按规定投入。

（3）动态 ACE 控制策略制定合理有效。动态 ACE 制定策略考虑完善，合理有效，在紧急情况下起到了快速增加机组出力的作用，促进了电网频率恢复。

第七条 加强电网无功电压管理

严格按照 DL/T 1773《电力系统电压和无功电力技术导则》等标准、运行规程的规定，开展电网无功电压管理和控制。严防无功补偿装置配置或电压控制策略不合理，不满足"分层分区、就地平衡"原则；严防发电机组 AVC 功能未投入或性能不满足要求，实时运行中母线电压、无功备用不满足要求。工作中应做到，一是按照"分层分区、就地平衡"原则，配置无功补偿装置，制定无功电压控制策略；二是并网机组必须满足励磁、AVC 等相关无功电压标准要求；三是实时运行中严格执行电压控制曲线，及时根据工况调整运行电压，确保电网中枢点电压满足运行要求；四是电网调度计划和实时运行阶段，合理安排和调整发电机、调相机无功出力，保持充足的动态无功储备。

⚙ 释义 ┄┄▶

本条款要求严格按照 DL/T 1773《电力系统电压和无功电力

技术导则》等标准、运行规程规定，开展电网无功电压管理和控制，不发生因为电压原因导致的稳定破坏、设备损坏、负荷损失现象，向用户提供电压质量合格的电能。

（一）主要安全风险

（1）无功电源或无功补偿装置配置不足或分布不合理，不满足"分层分区、就地平衡"原则，导致低谷负荷时期出现无功倒送、电压偏高或者高峰负荷时出现电压偏低，或出现大量无功功率远距离传输现象。

（2）发电机组或无功设备不满足要求，AVC 功能不具备或性能不满足要求，出现局部无功倒送、电压越限。部分新能源厂站不具备低电压穿越能力和高电压穿越能力，导致电压波动时出现脱网，进一步加剧电网电压波动。

（3）正常方式或检修方式下，未能提前按系统电压稳定性要求进行无功电压校核和制订无功管控预案，导致电压崩溃，造成电网稳定破坏事故。

（二）主要工作措施

1. 按照"分层分区、就地平衡"原则，配置无功补偿装置，制定无功电压控制策略

（1）严格按照规定要求，合理配置无功补偿装置。在规划、设计电力系统时，必须包括无功电源及无功补偿设施的规划。在发电厂和变电站设计中，应根据电力系统规划设计的要求，同时进行无功电源及无功补偿设施的设计。必须满足在高峰或低谷时都应采用分（电压）层和分（供电）区基本平衡的原则。

（2）合理制定无功电压控制策略，保证电网安全、优质、经济运行。AVC 系统应遵循分层分区、就地平衡的无功补偿原则进

行自动无功电压控制，以保证电网安全为目标，兼顾优质和经济运行的要求，提高电网电压稳定裕度，维持电压合格，促进无功合理分布，降低电网传输损耗。各级调度机构的 AVC 主站应根据本级电网特点和上级调度要求确定本层级 AVC 系统控制策略，并满足下级服从上级、局部服从整体、经济性服从安全性的控制原则。AVC 子站应以 AVC 主站下发的无功电压要求为调控目标，协调控制。

2．并网机组必须满足励磁、AVC 等相关无功电压标准要求

（1）并网机组参数配置合理。发电厂内机组及调压装置的选型应满足有关规程规定中关于发电机无功出力的要求。发电机组的励磁系统应具有自动调差环节和合理的调差系数。强励倍数、低励限制等参数，应满足电网安全运行的需要。

（2）电厂 AVC 系统应满足电网要求。电厂 AVC 系统通过自动调节发电机组、逆变器/风机、SVC/SVG 的无功出力，控制低压电抗器（电容器）的投退、调整主变压器和可控高压电抗器的挡位，从而自动跟踪调整系统运行电压，确保电压满足要求。AVC 子站正常应投入自动控制方式运行。

（3）新能源电厂无功配置应满足要求。机组应满足额定有功出力下功率因数在超前 0.95 至滞后 0.95 的范围内动态可调。并应向电力系统调度机构提供新能源电厂接入电网测试与验证报告，内容必须包括新能源电厂低电压穿越能力验证和高电压穿越能力验证。

3．实时运行中严格执行电压控制曲线，及时根据工况调整运行电压，确保电网中枢点电压满足运行要求

（1）制定合理的电压控制曲线和控制策略。根据电网结构、运行方式以及负荷特性确定电网电压控制曲线、AVC 系统控制策略，各级调度机构负责确定电网电压监测点方案并监督实施。各

级调度机构保证正常方式下电网电压合格率和电压波动率符合相关导则要求，事故方式下应尽快将电网电压调整至合理范围。

（2）严格执行电压控制曲线。发电企业应按调度部门下达的无功出力或电压曲线，严格控制高压母线电压。电厂人员负责监视厂内及高压母线运行电压，执行调度控制机构下发的电压（或无功）电力曲线。做好厂站 AVC 子站的运行、维护工作，确保机组 AVC 功能投运率及 AVC 调节合格率满足相关规定要求，发现异常情况应及时上报调度控制机构。

（3）完善指标评估分析和应对措施。各级调度机构负责调管范围无功电压运行指标评估，针对电网电压质量问题提出改进措施。

4．电网调度计划和实时运行阶段，合理安排和调整发电机、调相机无功出力，保持充足的动态无功储备

（1）合理安排无功出力。电网调度计划阶段应合理安排发电机、调相机无功出力，为确保电力系统运行的稳定性，维持电网频率、电压的正常水平，系统应有足够的静态稳定储备和有功、无功备用容量。备用容量应分配合理，并有必要的调节手段。在正常负荷波动和调整有功、无功潮流时，均不应发生自发振荡。

（2）及时调整无功出力。电网运行阶段应在计划出力的基础上根据电网实际运行情况及时调整发电机、调相机无功出力。电网运行电压超出规定值时，应采取调整发电机、调相机无功出力、投退电容器（电抗器），调整可控高压电抗器、SVC 容量等措施解决。局部（地区、站）电网电压的下降或升高，可采取改变有功与无功电力潮流的重新分配、改变运行方式、调整主变压器变比或改变网络参数等措施加以解决。在电压水平影响到电网安全时，调度控制机构有权采取限制负荷和解列机组、线路等措施。

（三）典型案例

▶▶ 典型案例一

1．事件概况

事故前某地区某 330kV 升压站一条 330kV 线路接入电网，下有 35kV 母线 3 条，分别接 3 座风电场，风电场 AVC 成套配置。同时，升压站所接上级变电站下还有多座变电站，下接多座风电场。

事故出现在该变电站一条 35kV 母线出线上，三相故障后过流 I 段动作切除，但是所接母线电压跌落 33%，330kV 母线电压跌落至 272kV，不具备低电压穿越能力的机组均解列（解列前出力较大，同时 SVC 发出较多无功），随着故障切除后电压回升，风电场挂网运行的 SVC 因为缺少自动控制装置继续运行，导致系统电压抬升至 360kV 以上，导致部分机组由于电压过高保护动作，与系统解列。两部分解列机组损失出力达到 840MW。

2．暴露主要问题

（1）风电场不具备低电压穿越能力。未严格执行并网要求，并网风电机组不具备低压穿越能力，导致低压情况下机组无法坚持运行，立即脱网。

（2）无功补偿装置控制存在问题。风电场挂网运行的 SVC 因为缺少自动控制装置，故障切除后，无法自动调整无功出力，稳定母线电压，导致母线电压升高。

（3）未建立全网统一的无功策略。缺少全网统一的 AVC 控制，一条低压母线电压波动后，影响到其他母线电压，未实现电压统一协调控制。

▶▶ 典型案例二

1．事件概况

某地区所有风电场均接入 AVC 系统，AVC 主站向风电场的

AVC 子站下达电压调节指令，风电场 AVC 子站将电压调节指令根据灵敏度系数转换为无功调节指令后下达给场内无功补偿装置。该地区风电大发工况下，连接于同一条线路上的风电场之间出现无功功率方向不一致的情况，例如风电场一发出 9Mvar 无功，而同母线上相邻的风电场二则吸收 7Mvar 无功。

2．暴露主要问题

（1）风电汇集区域无功功率分布不合理。风电场通过改变站内无功补偿装置出力实现电压调节，当相邻风电场电力联系较强且无功调节能力有较大偏差时，可能出现无功不均衡现象，使运行点偏离网损最小运行点，甚至出现无功环流。

（2）风电场无功出力安排不合理。各风电场的无功出力应合理安排，以实现无功备用容量合理分布，并保有必要的调节手段，保证系统扰动时具备足够的动态无功支撑能力。

▶▶ 典型案例三

1．事件概况

某发电集团新建两座风电场，其中风电场 A 直接接入公共电网，风电场 B 通过 220kV 风电汇集系统升压至 500kV 电压等级接入公共电网。风电场 A 和风电场 B 均计划配置容性无功容量能够补偿风电场满发时主变压器的感性无功及风电场送出线路的一半感性无功之和，感性无功容量能够补偿风电场送出线路的一半充电无功功率。

2．暴露主要问题

（1）风电场容性无功容量配置不合理。风电场 A 直接接入公共电网，其配置的容性无功容量不能补偿风电场满发时场内汇集线路、主变压器的感性无功及风电场送出线路的一半感性无功之和；风电场 B 通过 220kV 风电汇集系统升压至 500kV 电压等级接入公共电网，其配置的容性无功容量不能补偿风电场满发时场内汇集线路、主变压器的感性无功及风电场送出线路的全部感性无功之和。

（2）风电场感性无功容量配置不合理。风电场 A 直接接入公共电网，其配置的感性无功容量不能补偿风电场自身的容性充电无功功率及风电场送出线路的一半充电无功功率；风电场 B 通过 220kV 风电汇集系统升压至 500kV 电压等级接入公共电网，其配置的感性无功容量不能补偿风电场自身的容性充电无功功率及风电场送出线路的全部充电无功功率。

第八条　杜绝误下令等责任事故

调度员、监控员不发生误下令、误操作等安全责任事故。严防不清楚接线方式改变后电网的稳定性与合理性，导致误拟票；严防未预发调度令，未使用标准设备命名与调度术语，导致误下令；严防操作前未核对相关设备信息，未按操作令顺序操作，操作时失去监护，导致误操作。工作中应做到，一是严格执行操作票的标准流程和管理制度；二是规范开展设备状态令操作；三是推进停电设备冷备用操作、刀闸远方操作、操作指令程序化执行等调控一体化试点工作。

⏱ 释义 --->

本条款要求严格落实操作票标准流程和管理制度，保障电网操作安全，防止发生误操作、误下令等调度责任事故。

（一）主要安全风险

（1）未严格执行操作票管理制度。未核实检修票、工作票或临时工作要求，未核对现场一、二次设备实际状态，未掌握电网运行方式，对调试调度实施方案、安全稳定及继电保护等相关规定不清楚。

（2）未严格执行操作票标准流程。计划操作前未预发调度令，或操作任务有歧义，下令未使用标准设备命名与调度术语。拟票、审票为同一人，监控操作时失去监护，未执行双人双机操作流程，操作后未核对设备状态。

（3）操作技能不熟练。涉及多单位的操作，设备各侧间未按操作顺序，出现跨状态操作。未充分考虑设备停送电对系统及相关设备的影响，导致操作后潮流越限、设备过载或保护不配合。

（4）调控一体化试点条件未成熟。未明确冷备用操作所适用的范围，程序化执行不具备防误闭锁、安全校核功能。

（二）主要工作措施

1. 严格执行《国家电网调度控制管理规程》（国家电网调〔2014〕405号）中关于操作票的标准流程和管理制度

（1）严格执行操作票的标准流程。操作票的标准流程为拟票、审票、下达预令、执行、归档。对于计划操作指令票，应根据停电工作票拟写，必须经过拟票、审票、下达预令、执行、归档五个环节，其中拟票、审票不能由同一人完成；对于临时操作指令票，应根据临时工作和电网故障处置需要拟写，可不下达预令。

（2）严格执行操作票的管理制度。操作票的管理制度为下令、复诵、录音、记录和汇报制度。值班调度员下令操作时应做到：

1）下令：由当值调度副值及以上资格人员下达，同时由当值具有监护资格人员（调度主值或值长）监护，严禁不具备当值调度资格（非调度员、实习调度员、非值班调度员等）下令及监护；受令人应具备受令资格，下令应使用规范调度术语，操作的设备应严格使用双（三）重编号，下令时应明确发令时间，作为发令开始的标志。

2）复诵：接令人员接到调度指令后应复诵调度指令，下令人员确认指令复诵无误后，方能同意指令执行，调度员应对操作回令进行确认。

3）录音：调控台应装设专用调控业务电话，电话应由专用设备进行录音，录音保存时限应满足有关要求。录音设备应定期检查，确保功能完全。对录音应按月进行检查、评价。

4）汇报：应由具备受令资格人员进行汇报，汇报应使用规范调度术语，操作的设备应严格使用双（三）重编号；以现场汇报的时间作为调度指令执行完成时间，操作过程中若发生疑问，立即停止操作，并向发令调度员汇报，由发令调度员解释，并确定指令是继续操作还是取消。

5）记录：调度应将操作票执行情况如实、及时、准确记录在OMS调度日志模块，记录应使用规范术语，对值班日志应按月进行检查。

2. 规范开展设备状态令操作

各级调控机构要规范开展设备状态令操作，结合实际情况，针对母线、主变压器、线路、继电保护及安全自动装置推广实施状态量操作。值班调度员应针对设备状态进行操作下令。当设备操作仅涉及一个单位时，可针对设备操作初态和终态下令；涉及多个单位时，原则不允许设备各侧间跨状态下令。对于机组启停、低压电容器或电抗器投切操作，可采用许可操作方式。

3. 推进停电设备冷备用操作、刀闸远方操作、操作指令程序化执行等试点工作

持续推进调控一体化，以技术手段防止责任事故。条件成熟的调控机构，在确保安全的基础上，可逐步实行停电设备冷备用操作、刀闸的监控远方操作、具备防误闭锁与安全校核功能的操

作指令程序化执行工作，以优化调度倒闸操作流程，提升刀闸操作效率，提升调度控制效率。

（三）典型案例

1．事件概况

某日，110kV AB Ⅰ 线停电转检修状态，B 变电站 1123 刀闸检修。16 时 40 分，B 变电站汇报："1123 刀闸检修结束，自设安全措施已拆除，AB Ⅰ 线可以送电"。调度通知："1123 刀闸检修结束，自设安全措施已拆除，AB Ⅰ 线可以送电"，并要求 B 变电站复诵，B 变电站值班员复诵："1123 刀闸检修结束，自设安全措施已拆除，AB Ⅰ 线 112 可以送电。"此后，B 变电站运行人员拆除了自设安全措施和 1123 刀闸线路侧接地线后，带对侧地刀合112 断路器，造成 AB Ⅰ 线三相接地短路。

2．暴露主要问题

（1）执行操作规章制度不严。执行复诵制度流于形式，监护制度不严，使用调度术语不规范。现场的误解在复诵过程中已经表现出来，在调度命令原文中加入了"112"可以送电，说明调度员未听清 B 变电站值班员复诵，盲目回答，使复诵制度失去作用。

（2）调度操作联系不严谨。调度员误将应由 B 变电站汇报的情况作为调度指令下达，并要求现场复诵，使现场误以为"可以进行送电操作"。

第九条　提高严重故障处置能力

值班调度员对严重故障处置正确、及时，与上下级调度员沟通协调顺畅，能按重大事件汇报要求向上级调控机构汇报；监控员能及时正确地将主要故障信息汇报相应调控机构值班调度员。严防调度员对重要断面多回线路跳闸、TA 死区故障或断路器拒动等严重故障处置不力、主次不分、措施不当，防止故障处置时上下级调度失去协调、各自为政；严防监控员不能及时提取故障主要信息、机械照搬异常告警信息汇报至调度员。工作中应做到，一是严格遵循故障处置原则；二是编制规范故障处置预案；三是加强电网故障处置演练；四是严格执行重大事件汇报制度；五是推进智能电网调度控制系统的广泛应用。

⊙ 释义 ┈➤

本条款要求调度员、监控员在电网故障处置时应对有力、处置正确、汇报及时，遵循故障处置原则，规范故障处置预案编制与演练，严格执行重大事件汇报制度。

（一）主要安全风险

（1）基本业务能力不强。不熟悉调管范围电网重要断面、电网薄弱点等电网特性，不清楚异常告警、事故信号对应的故障，不清楚现场特殊接线、特殊设备对操作的要求。

（2）事故处置能力不足。对电网严重故障发生后电网结构、潮流分布特点、主要运行风险点等方面的变化不敏感，不能抓住故障处置的关键点，未与上下级调度协调处置故障，主次不分。

（3）预案管理流于形式。对重大故障无事故预案或联合处置预案，对预案培训或演练不充分。未掌握事故处理原则，电网故障处置措施不当，耽误故障处理甚至造成故障扩大。电网故障汇报不及时，造成重大负面影响。

（二）主要工作措施

1. 严格遵循故障处置原则

故障处置中应重点突出、层次分明，防止主次不分、措施随意。事故发生时，应先保人身安全与正常网架，防止事故扩大，再找出故障根源并隔离，然后尽快将解列的电网恢复并列运行。在保用电时，优先保证重要用户及厂用电、站用电的正常供电，再恢复其他用户和设备的供电。

2．编制规范故障处置预案

（1）注重故障预案的编制。故障预案需结合电网运行方式和薄弱环节，针对可能发生的故障制定行动方案，保证电网故障时调控机构能迅速、有序地开展应急行动。

（2）故障预案内容应详实。国、分、省调预案应包括故障前方式、故障性质、故障分析、控制目标、控制策略及处置步骤等内容，地县调预案应包括调管范围涉及的故障分析、受影响的重要用户、负荷转移策略及处置步骤等内容。各级调控机构预案的编制应规范化、制度化、标准化。

3．加强电网故障处置演练

强化演练、注重实效。各级调控机构应针对直调预案（直接调管范围的故障预案）与联合预案（涉及多级调控机构的重大预案）进行演练。以完善应急机制，提高调度系统应急反应能力。

4．严格执行重大事件汇报制度

调度系统的特级报告类、紧急报告类和一般报告类等重大事件，应按类别在规定时间将事件发生时间、概况、造成的影响等主要内容汇报至上级调度。

（三）典型案例

1．事件概况

某日凌晨 4:00，220kV AB 线路受雷击故障，两套主保护同时拒动，A 厂通过后备保护接地距离 I 段出口跳闸，B 站通过后备保护接地距离Ⅱ段出口跳闸。因 B 站接地距离Ⅱ段跳闸时间较长（2.1s），造成 B 站供电的 110kV 电网中 5 条 110kV 线路的断路器零序Ⅱ段保护出口跳闸，110kV 电网正常接线方式被破坏。

110kV 电网中因存在调频性能较好的水电站，形成了部分 110kV 变电站失压，部分 110kV 变电站由小水电供电组成小网运行，部分 110kV 变电站仍由 220kV B 站供电的电网结构。因事故发生在凌晨，且出现多条线路跳闸，地调值班调度员未及时掌握 220kV 线路主保护拒动情况，对事故后的电网运行方式掌握不准确，误认为未失压的变电站都是由大系统供电。值班调度员误下令将失压变电站倒至小网运行的系统，造成小网瓦解，停电范围扩大。

2. 暴露主要问题

（1）故障处置时上、下级调度失去协调，各自为政。地调值班调度员未及时掌握 220kV 线路主保护拒动情况，对事故后的电网运行方式掌握不准确，误认为未失压的变电站都是由大系统供电，未及时与省调了解电网运行情况。

（2）调度员对重要断面多回线路跳闸严重故障处置不力、主次不分、措施不当。值班调度员误下令将失压变电站倒至小网运行的系统，造成小网瓦解，停电范围扩大。

（3）未严格落实重大事件汇报制度。在 B 站发生 5 条 110kV 线路跳闸，110kV 电网正常接线方式被破坏的情况下，未及时汇报省调。

第十条 严格启动调试调度管理

调控机构必须掌控基建工程启动调试期间系统运行状态。严防基建工程启动调试期间，调控机构对系统运行掌控力弱化导致的故障应急处置能力和效率下降情况。工作中应做到，一是严格按照调度管理规程和相关规定，审核启动调试方案，明确调试指挥与调控机构的职责界面；二是加强启动调试前技术交底，调度人员全面掌握启动项目、运行方式变化、监控系统配置文件变化及保护配合等内容；三是加强启动调试期间的过程管控，调度员实时掌控系统运行状态。

⏱ **释义** --→

本条款要求确保电网新设备启动调试过程中电网运行安全，防止由于调试期间调控机构对系统运行掌控力弱化导致发生电网风险失控，不发生由于启动调试方案安排不当引起的误操作等安全责任事故。

（一）主要安全风险

（1）对启动调试方案、启动调试前技术交底审核不严谨，未全面掌握启动项目、运行方式变化及保护配合等内容。

（2）对启动调试过程中的危险点理解不透彻，对实时运行状态变化对启动调试的影响不掌握。

（3）当启动调试过程不顺利，不能严格按原定调试方案执行时，临时变更调试路径时考虑不周全，出现新的危险点。

（二）主要工作措施

1. 严格按照调度管理规程和相关规定，审核启动调试方案，明确调试指挥与调控机构的职责界面

开展启动调试方案审核。启动调试方案应严格按流程并经多部门审核，应明确调试指挥与调控机构的职责界面，明确启动调试范围，启动调试项目应完整、准确。启动过程中运行方式变化及保护配合应满足安全校核要求。

2.加强启动调试前技术交底,调度人员全面掌握启动项目、运行方式变化、监控系统配置文件变化及保护配合等内容

(1)做好技术交底。启动调试前应做好技术交底,调度人员应全面掌握启动项目、运行方式变化、监控系统配置文件变化及保护配合等相关内容。

(2)做好事故预想。针对启动过程可能出现的危险点做好事故预案,对重大启动涉及的人员、电网、设备等情况充分考虑,做好事故危险点分析。

3.加强启动调试期间的过程管控,调度员实时掌控系统运行状态

(1)掌控电网动态。调控人员对电网实时方式变化、重大缺陷、临时工作做到全面掌握,明确电网各级危险点,重大断面能控在控。对启动调试过程中的危险点理解透彻,掌控实时运行状态变化对启动调试的影响。

(2)切实关注启动变化。启动调试过程不顺利,不能严格按原定调试方案执行时,确保临时变更方案合理可控,应提前实施安全校核,确保运行方式调整满足实时潮流、稳定控制及继电保护等要求。

(3)加强调度与现场联系。启动过程中,现场人员如发现问题应及时向调控中心汇报,确保信息有效传递、共享,调控中心应加强与现场联系,实时掌握现场人员、设备情况,把握好启动节奏。

(三)典型案例

1.事件概况

某日凌晨,某电厂新投运的4号主变压器经冲击试验,核相正常后,做主变压器带负荷试验。按启动方案要求,需将4号主

变压器及 110kV 永宁 1186 线、半永 1198 线及半钢 1192 线倒至副母运行。

1 时 7 分至 1 时 32 分，省调令该电厂：永宁 1186 线、半永 1198 线、半钢 1192 线倒至副母运行。但该电厂当值值长汇报：无半永 1198 线，只有半永 1187 线。因当时永宁 1186 线加半钢 1192 线负荷仅 30MW，而带负荷实验需 50MW，故省调当值调度员误认为启动方案中编号差错，在未与 X 钢值班人员核对的情况下，即下令将半永 1187 线倒副母运行。当拉开 110kV 母联时，因 4 号主变压器差动保护现场未退出，电流互感器极性又接反，导致差动保护误动，110kV 副母停电，X 钢负荷全停，损失电量 1.23 万 kWh。

2．暴露主要问题

（1）操作前未与现场进行认真核对。操作前，当值调度员对现场情况不清楚，又未与 X 钢值班人员全面核对现场情况，草率下令，致使 X 钢负荷全部倒在副母运行。

（2）操作过程中发现问题未及时中止操作。启动过程中，调度员已经发现了编号存在疑问的情况，但并未再次核对启动方案是否正确，未中止操作，凭主观理解及以往经验认为启动方案错误，而继续操作，未严格执行启动调试有关管理要求。

（3）现场二次工作不严谨。现场电流互感器极性接反，差动保护误动，说明现场工作不严谨，现场接线工作验收把关不严。

第十一条 强化风险预警预控

根据电网运行需要，提前发布风险预警，落实预防预控措施。严防因配合电网基建、技改工程等，安排多设备同时停电导致的运行结构严重削弱；严防未能准确及时梳理电网运行风险、发布风险预警、落实预控措施导致的电网故障扩大。工作中应做到，一是对电网结构影响较大的停电计划，必须通过专题安全校核；二是严格执行风险预警管理相关规范，坚持"先降后控"原则，制定相应预案及预警发布安排，明确基建、运检、营销、调度等专业安全措施，停电操作前确认措施已落实到位；三是对可能构成一般及以上事故的停电项目，按规定向政府部门备案。

⊙ 释义 ┄┄➤

本条款要求根据电网运行需要，提前发布风险预警，落实预防预控措施，保障电网停电检修安全，防止风险预警预控不力导致故障扩大。

（一）主要安全风险

（1）对电网结构削弱较为严重的大型停电工作，停电设备多、时间跨度长，若未开展专题安全校核或校核结果不科学，导致停电工作期间电网运行预控措施安排不准确。

（2）风险预警管理相关规范执行不严格，预案措施针对性不强，预警发布不及时或不全面，可能造成人身伤亡、设备损坏、客户损失、社会舆情。

（3）对大型停电工作期间电网风险预估不准确，未能正确评估事故最高风险等级；向政府备案后，采取的应对措施不合理，可能扩大事故影响范围或引发社会舆情。

（二）主要工作措施

1. 对电网结构影响较大的停电计划，必须通过专题安全校核

（1）电网安全裕度校核。当出现不同调度管辖范围内的关联设备重叠停电，或电网运行方式超出安全稳定导则设防标准时，应组织联合校核，尽量避免重叠停电，制定必要的稳定控制策略，

避免事故范围扩大。

（2）电力电量平衡校核。对设备停修工期内的电力供应能力进行校核，考虑最大外送（受）能力以及年度负荷峰谷特性，原则上不安排导致电力供应不足的停电检修。

（3）清洁能源消纳校核。对设备停修工期内的清洁能源消纳能力进行校核，尽量减少因设备检修、停电导致的清洁能源发电受限（特殊接线方式除外）。

2. 严格执行风险预警管理相关规范，坚持"先降后控"原则，制定相应预案及预警发布安排，明确基建、运检、营销、调度等专业安全措施，停电操作前确认措施已落实到位

（1）落实"先降后控"原则。降等级：采取方式调整、分母线运行、负荷转移、分散稳控切负荷数量、调整开机、配合停电、需求侧响应、同周期检修、调整用户生产计划等手段，降低可能造成的负荷损失。控时长：优化施工（检修）方案，提前安排设备消缺，适当加大人员投入，采取先进技术工艺，合理控制停电时间。缩范围：优化电网运行方式、停电检修计划、倒闸操作方案，转移重要负荷，启用备用线路，缩小受影响的范围。减数量：坚持"综合平衡，一停多用"，统筹优化基建、技改和检修工作，科学安排停电计划，减少重复停电，避免风险叠加，严格控制高风险。

（2）落实各单位管控措施。预控措施应明确责任单位、管控对象、巡视维护、现场看护、电源管理、有序用电等重点内容。工作实施前，各项预警管控措施均落实到位后，调控部门下达设备停电操作指令。

3. 对可能构成一般及以上事故的停电项目，按规定向政府部门备案

按照"谁预警、谁报告"原则，四级以上风险预警，相关单

位分别向能源局及派出机构、地方政府电力运行主管部门书面报送电网运行风险预警报告单。一、二级风险预警，由国家电网公司总部向国家能源局、国家发改委经济运行局报告。

（三）典型案例

1. 事件概况

中部某地级市，因市政要求对某 110kV 变电站进线电源 A、B 线同时进行杆迁工作，致使该变电站 10kV 母线全停，10kV 负荷通过站内电缆搭接，再转相关联络线的方式供电。停电当天气温上升至 35℃，居民用电负荷增加，导致配网线路严重过载。调度部门采取超供电能力限电措施对该变电站及相关联络线路供电区进行轮流限电，同时因长时间重载运行，部分线路薄弱点因发热而导致设备故障停电。此次事件共损失负荷约 50MW，影响用户近 30 万户。

2. 暴露主要问题

（1）安全校核不到位。由于前期对天气预测不准确，造成实际负荷比预测负荷高出很多，没有留存足够的安全裕度，导致配网线路严重过载，引起设备故障停电。

（2）风险预警管理执行不到位。①没有在停电前组织对转供线路测温消缺，导致线路超负荷运行时发热故障；②没有在负荷低谷期安排线路检修，导致温度上升时负荷增高并超出预期；③检修时长没有提前进行严格控制，导致设备长时间过载。

第十二条　强化安全校核

年月度电量计划、中长期交易和短期交易必须通过电网安全校核。严防年月度电量计划、中长期交易和短期交易未经电网安全校核，导致计划和交易执行过程中不满足电网运行控制要求，威胁电网安全。工作中应做到，一是加强年月度电量计划、中长期交易和短期交易的量化安全校核，确保电网安全裕度；二是完善年月度电量计划、中长期交易的安全校核手段。

⏱ 释义 ---→

本条款要求保障电网电力平衡，年月度电量计划、中长期交易和短期交易必须通过电网安全校核，防止年月度电量计划、中长期交易或短期交易安排不合理威胁电网安全。

（一）主要安全风险

（1）年月度电量计划、中长期交易和短期交易如果未经电网安全校核，可能导致计划和交易执行过程中不满足电网运行控制要求，威胁电网运行安全。

（2）电网年度月度电量、电力交易安全校核手段不足，系统建设滞后，无法有效支撑校核工作。

（二）主要工作措施

1. 加强年月度电量计划、中长期交易和短期交易的量化安全校核，确保电网安全裕度

安全校核在年月度电量计划、中长期交易和短期交易中扮演着重要角色，直接影响市场的公平性和资源的优化配置。安全校核通过与安全约束经济调度、母线负荷预测、检修计划等结合，在综合考虑未来电力平衡、电网安全、机组运行约束的前提下，对电厂签订的电量交易合同进行精细的安全校核，分析交易电量能否完成，实现合同电量的闭环校核与反馈修正，使发电计划既符合电网安全要求，又能充分挖掘电网的经济潜力，提高发电计

划的可操作性。

2. 完善年月度电量计划、中长期交易的安全校核手段

（1）针对发电厂（机组、计划单元）发电计划（交易）总量进行的校核，主要包括调峰能力校核、电网阻塞校核和最小方式校核。

1）调峰能力校核：根据发电厂（机组/计划单元）等效容量（考虑等效可用系数及强迫停运率）及调峰能力，校核发电量计划是否满足供热（采暖）、负荷调峰需求以及网内风电、光伏、无调节能力水电等不确定性能源的调峰需求。

2）电网阻塞校核：根据电网结构、电源分布、机组检修计划以及分母线负荷预测，考虑跨区跨省输电计划，校核发电厂（机组、计划单元）发电量计划（交易）是否导致稳定断面（设备）运行裕度低于国家（行业）标准要求。

3）电网及发电机组最小运行方式校核：考虑电压支撑、保护配合、安全自动装置切机量、电网局部约束以及发电机组自身的防冻、供热、最低技术出力等需要，校核发电量计划（交易）是否满足最小方式开机和发电出力要求。

（2）针对输电通道（组）计划（交易）总量进行的校核，主要包括输电能力校核、送受端约束校核。

1）输电能力校核：考虑输电通道以及关联通道、关联设备以及关联发电机组检修停电计划及必要的临检率，校核输电计划是否超过通道输电能力。

2）送端电网（配套电源）约束校核：考虑送端电网电力电量平衡、配套电源检修（备用）计划、关联设备停电计划，校核输电计划是否超出送端电网（配套电源）送出能力。

3）受端电网约束校核：考虑受端电网电力电量平衡、调峰、调频、备用、关联设备停电计划，校核输电计划是否超出受端电

网受入能力。

（三）典型案例

1．事件概况

某省共计 22 家电厂与 74 家企业签订双边交易合同，交易总电量 161.3 亿 kWh；集中交易共计 24 笔，集中交易总电量 26.16 亿 kWh。调控中心在双边交易意向达成、集中交易前和集中交易后分别进行了 3 次安全校核。

（1）调峰能力校核：全省全年发电负荷率按 75%测算。A 电厂#1、#2 机（2 台 300MW）可调利用率达到 94%，其他发电企业机组可调利用率均低于 75%，极限交易电量为 15.4 亿 kWh。

（2）节能约束校核：根据测算得到的发电单元利用小时，1000MW 机组 5804h，600MW 级机组平均 4879h、300MW 级机组平均 4721h。

（3）电网阻塞校核：以××地区为例，区内负荷 72 万 kW，负荷率 82%，计算可得××电厂最大可发电量为 74 亿 kWh，××电厂计划电量和交易电量总计 60.9 亿 kWh。

经分析各发电单元全年总电量，A 电厂#1、#2 机年度总电量多，机组可调利用率高，未通过安全校核。全省其他机组均通过安全校核。建议采取相应措施降低 A 电厂#1、#2 机全年总电量（极限交易电量为 15.4 亿 kWh），使机组可调利用率降至 75%以下，确保机组调峰能力。交易中心根据调控中心安全校核意见，将 A 电厂#1、#2 机全年交易总电量降低到 15.4 亿 kWh。

2．有益经验

（1）在发电计划编制和直购电交易的全过程开展安全校核。

1）政府年度发电计划编制阶段：结合电网结构和重大检修方式，周密分析电网缺电和窝电区域并向政府汇报，确保年度计划的可执行性。

2）直购电交易规则制定阶段：积极参与规则讨论，争取更合理的交易规则和容量扣减规则，确保各发电企业电量均衡，以利于电网的安全。

3）直购电交易安全校核阶段：坚持总量校核原则，从调峰、阻塞、节能、最小方式四个方面开展校核，校核结论提交交易中心。

4）直购电交易安全复校阶段：政府主管部门及交易中心根据安全校核结论调整相关电量后，再次开展校核，通过后形成交易结果。

（2）安全校核手段全面。

1）调峰能力校核：保证发电机组可调利用率（年度电量/（8760－检修小时数）×机组容量）不得高于全网平均发电负荷率。

2）电网阻塞校核：由于电网结构及设备检修原因，为确保电网安全，对部分发电企业开机方式及发电出力有特殊要求，这部分机组将存在最大可发电量或最小必发电量，安全校核应保证发电企业年度电量在其安全区间。

3）节能约束校核：市场条件下同级别各机组间利用小时差距较大，安全校核应控制同级别机组年度平均利用小时不高于上一级别机组年度平均利用小时，杜绝大小机组利用小时倒挂。

4）最小开机方式校核：发电单元的年度、月度电量分配必须满足机组最小开机方式的要求，安全校核应保证发电单元的分配电量不低于最小开机方式的需求电量。

第十三条 加强交直流协调配合

在特高压直流快速发展和大功率送电的形势下，充分考虑交直流系统间相互影响，统筹协调直流系统和交流电网的保护、安全自动、发电机涉网保护。严防直流闭锁、换相失败、再启动等直流故障，可能引发的交流系统频率、电压大范围、大幅度波动；严防直流故障时，因保护、安全自动等装置策略失配导致的保护、安全自动装置误动，扩大故障影响范围；严防交流系统断路器拒动或 TA 死区故障，导致多回直流同时发生连续两次以上换相失败，送受端电网遭受重大冲击。工作中应做到，一是适应特高压交直流运行需要，建立国（分）省协同的交直流系统控制、保护、安全自动装置整定机制；二是综合考虑计算分析结果、设备运行规范、直流控制保护逻辑及定值等因素，提出直流送受端交流电网的保护、安全自动装置、发电机涉网保护配置策略；三是针对特高压直流送受端的交流电网保护、安全自动、机组涉网保护、机组涉网性能进行全面排查整改。

🕰 释义 ---▶

本条款要求保障电网交直流系统安全运行，充分考虑交直流系统间相互影响，统筹协调直流系统和交流电网的保护、安全自动、发电机涉网保护，避免因严重故障时策略、定值配合不当导致的事故扩大。

（一）主要安全风险

（1）直流闭锁、换相失败、再启动等直流故障，可能引发的交流系统频率、电压大范围、大幅度波动。

（2）直流故障时，因保护、安全自动等装置策略失配导致的保护、安全自动装置误动，扩大故障影响范围。

（3）交流系统断路器拒动或 TA 死区故障，导致多回直流同时发生连续两次以上换相失败，送受端电网遭受重大冲击。

（二）主要工作措施

1.适应特高压交直流运行需要,建立国(分)省协同的交直流系统控制、保护、安全自动装置整定机制

根据调度管辖范围,建立国(分)省协同的交直流系统控制、保护、安全自动装置整定机制。统一联网界面继电保护设备调度术语,交换联网双方保护设备的命名与编号,书面明确相关保护设备的使用和投退原则,联网各方交换整定计算所需的资料、系统参数,明确相互间的整定原则、配合限额等,并在需要时开展联合整定计算。

2.综合考虑计算分析结果、设备运行规范、直流控制保护逻辑及定值等因素,提出直流送受端交流电网的保护、安全自动装置、发电机涉网保护配置策略

特高压直流工程的大量投运,增加了交流电网运行复杂性,同时也带来了大量的新问题。应依据 GB/T 31464《电网运行准则》要求,综合考虑稳定计算分析结果、设备运行规范、直流控制保护逻辑及定值等因素,提出直流送受端交流电网的保护、安全自动装置、发电机涉网保护配置策略。

3.针对特高压直流送受端的交流电网保护、安全自动、机组涉网保护、机组涉网性能进行全面排查整改

特高压直流的投运,对直流送受端电网运行提出了更高要求。为保障电网安全稳定运行,应定期开展专项隐患排查治理,遵循"排查(发现)→评估报告→治理(控制)→验收销号"的管理流程,做好隐患治理排查管控。

（三）典型案例

1.事件概况

某日,某直流换流站极Ⅰ双套控制系统因主 CPU 程序运行异常同时死机，导致极Ⅰ闭锁。极Ⅰ闭锁后，极Ⅱ未能转代功率且××侧安控系统未动作，受端电网频率最低跌至 48.46Hz，低频减载装置动作两轮，切除负荷 3.80MW，对送受端电网安全稳定运行和供电可靠性产生严重影响。

2．暴露主要问题

（1）隐患治理排查管控不到位。电站运维值班人员未定期开展专项隐患排查治理，无法对保护、安全控制、发电机涉网保护中的软硬件问题进行及时处理，系统运行可靠性降低。

（2）安控系统未正确识别直流运行方式。直流控制系统与安控系统在某些特殊工况下未实现必要的信息交互，导致安控未正确动作，执行相应的控制策略，送受端的安全、稳定运行受到严重威胁。

第十四条　强化并网电厂管理

并网电厂频率、电压的调节能力和耐受能力应满足电网运行需要。严防机组一次调频功能不达标、频率响应特性恶化，导致在严重功率缺额等故障时低频减载动作，损失负荷；严防机组PSS、调速器等涉网参数不符合要求，导致在部分运行方式下的功率振荡和电网连锁故障；严防机组耐压、耐频能力不达标，在特高压直流闭锁、换相失败等大扰动下可能发生机组无序跳闸，引发连锁故障；严防新能源涉网参数不达标，故障情况下出现新能源大规模无序脱网，扩大故障影响范围。工作中应做到，一是确保并网机组调频、调压等各项涉网性能符合国家、行业标准要求，接入所在电网 AGC、AVC；二是排查新能源场站频率、电压的调节能力和耐受能力是否满足电网运行要求；三是对不满足涉网相关标准的并网机组，督促发电企业完成整改；四是并网电厂涉网相关问题及重大风险向政府主管部门做好汇报及备案。

⚙ **释义** ┅┅►

本条款要求各级调控机构应通过技术及管理手段全面加强并网电厂管理，并网电厂频率、电压的调节能力、耐受能力等涉网参数应满足各项并网技术标准的要求，防止发生并网电厂管理不到位而导致系统振荡、事故范围扩大等事件。

（一）主要安全风险

（1）并网机组一次调频功能不达标，将显著恶化特高压直流大功率闭锁故障下的频率响应特性，导致在严重功率缺额等故障时低频减载动作，损失负荷。

（2）并网机组 PSS、调速器等涉网参数不符合要求，可能造成部分运行方式下的功率振荡，导致电网连锁故障。

（3）并网机组和辅机等设备耐压、耐频能力不达标，在特高压直流闭锁、换相失败等大扰动下可能发生机组无序跳闸，引发连锁故障。

（二）主要工作措施

1. 确保并网机组调频、调压等各项涉网性能符合国家、行业标准要求，接入所在电网 AGC、AVC

机组稳定可靠运行是电网安全运行的基础，必须全面提高并网机组运行管理水平，保证其性能满足电力系统稳定运行的要求。依据 GB/T 31464《电网运行准则》等相关标准规范、管理规定要求，并网前，电力调度机构对机组的涉网功能配置、性能参数、调试试验项目等进行审核，并组织认定相应并网条件，当拟并网方具备并网必备条件后方可并网。在机组并网试运行期间，发电企业委托有资质的电力试验单位完成涉网试验项目并提交相应的试验报告，电力调度机构对试验结果进行审核，审核通过后下达相关涉网参数定值。在机组并网运行期间，调度部门应督促发电企业及所属发电厂确保发电机励磁系统运行稳定、可靠，并负责所属机组调速系统设备的管理，并网运行的发电机组调速系统各项性能指标必须满足国家标准和行业标准的要求，特别是与电力系统稳定性有关的性能指标，如一次调频死区、局部转速不等率、最大负荷限幅、汽门快控动作定值等。

2．排查新能源场站频率、电压的调节能力和耐受能力是否满足电网运行要求

依据 GB/T 31464《电网运行准则》相关要求，风电场、光伏电站应配合电网调度机构保障电网安全，按照电网调度指令参与电网调峰和调频。新能源场站应满足相应的电压、频率和电能质量运行适应性要求，新建场站必须满足相关技术标准要求，并通过国家有关部门授权的有资质的检测机构的并网检测，不符合要求的不予并网。

3．对不满足涉网相关标准的并网机组，督促发电企业完成整改

在首次并网日 5 天前，电网调度机构组织认定相关规定的拟并网方不具备并网条件时，拟并网方应按有关规定要求进行整改，符合并网必备条件之后方可并网；已经运行的发电机组，发现主要技术指标不符合国家有关技术标准规定和不满足电网安全稳定运行要求时，应限期整改；危及电网安全运行的，电网调度机构应立即采取紧急控制措施，直至将该机组与电网解列。

4．并网电厂涉网相关问题及重大风险向政府主管部门做好汇报及备案

加强政企联动。排查发现并网电厂存在涉网相关问题，以及存在重大风险时，应向政府主管部门做好汇报及备案，促请政府相关部门利用政府资源加强管控。

（三）典型案例

▶▶ 典型案例一

1．事件概况

某电网发生事故，一条 220kV 线路出口发生三相短路故障，继电保护拒动，造成后备保护动作，致使主网隔离故障点较慢（长达 0.58s），引起电网两机群之间的激烈振荡，联络线两侧电压大范围变化。故障后 7s，甲电厂由于失步保护动作切除 1 台机组；故障后 13s，联络线振荡解列装置动作，电网解列；之后乙电厂 1 号机组（350MW）因低频保护动作，被迫退出运行，功率大量缺额，导致电网频率急剧下降，低频减载装置动作，切除负荷 490MW。

2．暴露主要问题

（1）并网机组耐频能力不达标。在电网解列后，地区发生功率缺额，某电厂发电机组耐频能力不达标，导致机组过早退出运行，失去对事故后电网的支撑。

（2）发电厂涉网保护整定与系统安控缺乏协调。振荡中心不在发电机—变压器内部，发电机应能允许短时异步运行，电网失步解列装置动作应先于发电机失步保护动作。且发电机低频保护定值应低于电网低频减载的最低一级定值。

▶▶ 典型案例二

1．事件概况

某地区是典型的大型风电基地经串补输电系统送出的电网，风电机组多为双馈风电机组，经 220kV 电压等级汇集后接入 500kV 主网，外送通道线路加装串联补偿装置，补偿度为 40%～45%。近年来，该地区多次发生次同步谐振故障，导致大量风机脱网和设备损坏，谐振频率约为 7Hz。研究分析显示双馈风电机组在该谐振频率下等效为负电阻和电感的形式，且由于风电机组并网台数与系统阻尼呈现非线性关系，在 700 台左右风电机组并网时最容易发生谐振。

2．暴露主要问题

新能源机组参数与部分电网方式不协调，导致低频振荡。交流母线所带感性设备与外网电容构成次同步频率下的谐振回路，双馈风电机组在特定运行方式下为谐振提供了负阻尼，共同导致了次同步振荡的发生。

▶▶ 典型案例三

1．事件概况

某电网为纯风电汇集系统，附近没有常规机组和负荷，电网结构相对薄弱。事故前该地区风电大发，风电场为支撑电压投入大量电容器，各汇集站母线电压均处在正常水平。某风电场送出线路发生 B、C 相间短路故障，汇集站电压降低至额定电压的 0.25p.u.。风电场不具备低电压穿越功能的机组大量脱网。故障消除后风电场并网点电压迅速升高，最高升值 1.2p.u.，造成风机因高电压脱网。

2．暴露主要问题

（1）风电场电压耐受能力不满足电网运行要求。故障后部分风机因低电压故障脱网，未脱网风机出力降低，故障消除后风机有功无法立即恢复，导致无功过剩，由于系统结构薄弱，无功电压灵敏度较大，导致出现高电压过程。

（2）加强标准制定，加强新能源场站并网管理。目前国家标准对风电机组的高电压穿越能力未做明确规定，因此即使风机全部性能都符合国家标准要求，也无法避免上述风险。

第十五条 合理整定继电保护和安全自动装置定值

依据规程规定和计算分析结果整定保护和安全自动装置定

值，杜绝误整定。严防整定人员对于装置原理和设备功能、动作逻辑等不熟悉，部分单位对于参数管理不严格，未严格执行整定规程和运行规定，导致误整定。工作中应做到，一是加强整定人员培训，参与现场调试，掌握装置构成、功能、动作原理；二是使用实测参数对保护定值进行计算和复核，并建立参数档案；三是严格执行整定规程和运行规定。

🕐 释义 --->

本条款要求依据规程规定和计算分析结果整定保护和安全自动装置定值，杜绝误整定，保障电网运行安全。

（一）主要安全风险

（1）对装置原理和设备功能、动作逻辑等不熟悉，导致误整定。

（2）对参数管理不严格，未使用实测参数，导致误整定。

（3）未严格执行整定规程和运行规定，导致误整定。

（二）主要工作措施

1. 加强整定人员培训，参与现场调试，掌握装置构成、功能、动作原理

整定人员应熟悉继电保护装置构成、功能、动作原理，熟悉并掌握所整定的保护装置中每个定值和控制字的含义、整定方法，正确计算和下达定值，并通过参与继电保护装置现场调试来加深对装置的掌握程度，防止因对装置不熟悉导致的误整定。

2. 使用实测参数对保护定值进行计算和复核，并建立参数档案

（1）严格使用实测参数。整定计算所需的发电机、调相机、

变压器、架空线路、电缆线路、并联电抗器、串联补偿电容器的阻抗参数均应采用换算到额定频率的参数值，下列参数应使用实测值：

1）三相三柱式变压器的零序阻抗；

2）架空线路和电缆线路的正序和零序阻抗、正序和零序电容；

3）平行线之间的零序互感阻抗；

4）双回线的同名相间的和零序的差电流系数；

5）其他对继电保护影响较大的有关参数。

线路参数暂无实测值时，可先采用设计值或经验修正值计算；线路参数实测后，整定计算人员应及时对比分析实测参数与设计值（或经验修正值）的差异，如需调整定值，应重新进行线路后备保护配合整定计算。复核人应在复查保护设计图纸、保护说明书、装置定值打印清单、一次设备参数、重合闸时间和线路最大事故过负荷要求等资料后，对定值单进行逐项审批。

（2）加强参数档案管理。整定计算资料管理可采用纸质资料归档管理，也可采用电子化管理。归档资料必须加盖公章或电子签章。整定计算资料归档管理应包含如下资料：

1）必要的一次主接线图、继电保护原理图等（含电子版）；

2）保护装置技术说明书、保护型号、软件版本号、软件校验码；

3）发电机、变压器、线路串并联电抗器、线路串联补偿装置、直流设备等一次设备铭牌参数和试验报告，线路及其互感实测参数报告。

3．严格执行整定规程和运行规定

（1）加强学习培训。应加强对 DL/T 584《3kV～110kV 电网继电保护装置运行整定规程》、DL/T 559《220kV～750kV 电网继电保护装置运行整定规程》等规程规定的学习宣贯工作，定期组织相关专业人员开展培训，确保专业人员熟练掌握并准确理解相关规程规定。

（2）严格执行规程规定。按照上述规程规定要求，结合系统的具体情况和上级调控机构要求，认真开展继电保护整定计算工作，确保满足继电保护可靠性、快速性、灵敏性、选择性要求；电网运行方式发生变化时，应及时复核保护定值，制定保护方案，确保定值配合。

（三）典型案例

▶▶ 典型案例一

1. 事件概况

事故前，电网系统总负荷 770MW，A 电厂 1、3、4、5、6 号机组运行，2 号机组检修；A 电厂向 M 地区提供电力，其中经 AB 线输送功率 35MW，经 AC 线向 S 地区输送功率 25MW。10 月 26 日 20 时 04 分，W 地区配电网发生两相短路故障，冲击系统，A 电厂 1 号机组反时限过流保护动作跳闸，1 号主变压器三侧断路器跳闸，A 电厂供电范围内的三个地区与主网解列，由于功率缺额较大，小系统瓦解。

2. 暴露主要问题

（1）定值编制计算审核环节不认真。继电保护人员对发电机保护定值计算考虑不周，A 电厂 1 号机组反时限过流保护定值整定不当，造成 1 号机组保护误动跳闸。

（2）定值调试环节不严谨。调度保护人员与 A 电厂继电保护人员，在定值调试中发生问题曾反馈到调度后进行临时变动，但只是电话口头联系，没有书面报告，对调整后的结果未能认真落实。

▶▶ 典型案例二

1. 事件概况

某新能源汇流升压变电站35kV汇集线配置了光纤电流分相差动保护和零序过流保护。某日，35kV汇集3B2线发生A相接地故障，故障过程中，汇集3B2线电流分相差动保护未动作，两侧零序过流Ⅰ段保护动作，跳开两侧断路器；由于定值整定问题，汇集3B4线汇集站侧零序Ⅰ段保护同时动作，跳开汇集站断路器。

2. 暴露主要问题

（1）整定计算未采用实测参数。按规程要求，应采用实测参数对保护定值进行计算和复核，35kV非故障线路保护零序Ⅰ段的定值采取了经验值（12A），小于区外故障时穿过电缆线路的电容电流（经分析计算为24A，本次故障录波为18A），不能躲过区外单相接地故障，导致保护误动。

（2）未按整定规程要求校核灵敏度。35kV线路在单相接地时故障电流在201A左右，而差动保护的定值依据经验值整定为280A（折算到一次侧），线路的电流分相差动保护对线路单相接地故障无灵敏度，故障时不能动作。

第十六条 加强电煤和水电厂水位监控预警

不发生重点火电厂缺煤或水电厂水位过低（过高）引发的被迫停机。严防重点火电厂因电煤供应不足，或重点水电厂因蓄水过少、水头过低和厂内水工建筑物事故造成的停机，影响电网安全稳定水平、电力电量平衡、无功电压支撑。工作中应做到，一是对于影响电网安全稳定水平、无功电压支撑的重点火电厂，加强电煤监测、预警及应急管理，加大协调力度，避免发生缺煤停机；二是加强水电厂水位监测和来水预测、预警，统筹同流域上下游水库发电安排，避免发生水电厂因水库水位或上下游水头过低被迫停机的情况，配合有关部门避免发生漫坝和水淹厂房等厂内事故；三是对于可能因电煤供应和水位问题造成的重点电厂停机，提前开展滚动校核，及时调整电网运行方式。

🕐 **释义** ┄┄➤

本条款要求保障电力可靠供应，防止因重点火电厂缺煤、缺气或水电厂水位过低（过高）引发停机而影响电网安全稳定水平、电力电量平衡、无功电压支撑。

（一）主要安全风险

（1）煤情水情监测预测手段缺乏，对承担电网重要调峰、调频任务的火电厂及水电站的煤情及水情无监测、预测及告警手段，无法及时发现电网运行的潜在风险。

（2）运行方式安排不当，未根据电网负荷、断面裕度、电压支撑情况做出滚动校核，及时进行方式调整、备用安排、安排上下游蓄放水次序等工作。

（3）电网风险预控不到位，在电网安全运行裕度较小的情况下，未对电网的运行风险进行认真梳理分析，未做好相关预案，未及时将情况向相关部门汇报，未采取必要的预控措施。

（二）主要工作措施

1. 对于影响电网安全稳定水平、无功电压支撑的重点火电厂，加强电煤监测、预警及应急管理，加大协调力度，避免发生缺煤停机

加强电煤监控预警。加强负荷预测，密切关注电煤供应情况，督导火电企业加强电煤购运工作，提高电煤储存量。对于电煤短缺可能危及电网安全稳定水平时，及时向政府主管部门做好汇报

及备案，促请政府相关部门利用政府资源加强管控。

2. 加强水电厂水位监测和来水预测、预警，统筹同流域上下游水库发电安排，避免发生水电厂因调度原因造成的水库水位或上下游水头过低（高）被迫停机的情况，配合有关部门避免发生漫坝和水淹厂房等厂内事故

督导水电厂开展来水预报工作，采用设计水库调度图（有调节能力水电厂），并结合水文预报及电网用电需求进行调度。梯级水电厂应以梯级综合利用效益最佳为准则，结合电力市场规则，开展梯级水电厂调度运行，合理安排各库蓄放次序，协调各厂发电运行。汛期，发电调度服从防洪调度，承担下游防洪任务的水电厂水库，其汛期防洪限制水位以上的防洪库容的运用，必须服从有管辖权的防汛指挥机构的指挥和监督，配合有关部门避免发生漫坝和水淹厂房等厂内事故；防洪限制水位以下的水库发电调度，由电网调控机构负责调度指挥。

3. 对于可能因电煤供应和水位问题造成的重点电厂停机，提前开展滚动校核，及时调整电网运行方式

实时运行中，遇有实际来水与预计值偏差较大等情况时，水电厂应及时向调控机构汇报；火电厂电煤库存低于规定的警戒线时，火电厂应及时向调控机构汇报。调控机构根据情况，及时开展电网安全校核，根据校核结果及时调整电网运行方式。

（三）典型案例

1. 事件概况

某日某省调监测到 A 电厂电煤储存不足，存在机组停运的风险。M 地区电网在 A 电厂机组全停期间，若发生 500kV B 站任一主变压器故障停运，输电断面限额将降至 400MW，无法满足地区负荷需要，需要紧急大规模限电，限电比例可能超过地区总

负荷的 40%，构成较大电网事件。另外，在限电过程中，若再发生 500kV B 站运行主变压器连锁跳闸，M 电网将面临电压崩溃垮网的风险，可能造成地区大停电，构成重大电网事件。省调及时将情况汇报政府相关部门，由政府相关部门督促 A 电厂及时购煤，确保机组正常运转，保障 M 地区电网安全稳定运行。

2．有益经验

（1）煤情监视机制健全，手段完备。当电站电煤供应紧张，面临停机风险时，可以及时告警。

（2）及时开展稳定校核。梳理各种故障下电网面临的运行风险，及时发现电网运行的薄弱环节。

（3）预控措施到位。根据风险梳理并及时将情况向政府相关部门汇报，协调重点火电厂的购煤，保障电网安全，防止拉闸限电的情况发生。

第十七条　完善应急处置预案

严格落实国家和国家电网有限公司的大面积停电事件应急处置预案，国（分）省调控机构协同制定应急处置预案。严防预案与电网运行具体情况结合不紧密，对重大故障考虑不全面，未按照上下级调控机构协同处置方式进行编写；严防网架结构变化和运行方式等因素变化后，未及时滚动修订和发布，未定期开展反事故演练或演练结束未开展后评估。工作中应做到，一是各级调控机构滚动修订应急预案，并严格按照流程进行发布；二是定期开展多级调度联合演习，调度运行人员全面掌握预案；三是演练后及时开展评估，总结分析演练成效，针对演练暴露出的问题，修订预案。

🔘 **释义** --→

本条款要求严格落实《调度系统故障处置预案管理规定》

（国网（调/4）329—2014）、《调度系统电网故障处置联合演练工作规定》（国网（调/4）330—2014）等规定，开展应急处置预案的修订、发布、演练、评估工作，建立应急处置预案闭环管理机制。

（一）主要安全风险

（1）预案缺乏针对性。当电网结构变化和运行方式等因素变化后，未及时滚动修订和发布有关应急处置预案。

（2）预案失去作用。应急处置预案未在调度演习中进行演练，调控运行人员对预案不熟悉、不掌握。

（3）预案缺乏实用性。未及时开展对应急处置预案评估、后修订工作，预案内容与实际电网运行情况相脱节，预案流于形式。

（二）主要工作措施

1. 各级调控机构滚动修订应急预案，并严格按照流程进行发布

（1）滚动修订应急预案。应急处置预案主要结合电网运行方式和薄弱环节，针对可能出现的重要变电站或电厂全停、直流闭锁、重要输电断面检修、重要设备故障及其他严重故障等情况进行编制；并根据电网结构、运行方式、负荷特性等因素变化，及时定期修订相应预案。

1）做好年度典型预案。应针对本电网年度典型运行方式的薄弱环节，根据电网规模设置预想故障，编制年度典型运行方式故障处置预案。

2）做好特殊运行方式预案。日常电网运行时，应针对重大检修、基建或技改停电计划导致的电网运行薄弱环节，及新设备启动调试过程中的过渡运行方式，设置预想故障，编制专项处置预案。

3）做好应对自然灾害预案。应根据气象统计及恶劣天气预警等情况，针对可能对电网安全造成严重威胁的自然灾害，编制专项处置预案。

4）做好重大保电专项预案。针对重要节日、重大活动、重点场所及重要用户保电要求，设置预想故障，编制专项处置预案。

（2）严格流程发布。直调预案由本级调控机构批准，并印发至预案涉及的相关调控机构及厂站；联合预案由参与预案编制的最高一级调控机构批准，并印发至相关调控机构及厂站。

2．完善应急预案上下级调控机构协调工作机制

（1）涉及下级或多个调控机构的，由上级调控机构组织共同研究和统一协调应急过程中的处置方案，明确上下级调控机构协调配合要求。

（2）需要上级调控机构支持和配合的，下级调控机构应及时将调度应急预案报送上级调控机构，由上级调控机构统筹协调。下级调控机构应定期将应急预案报送上级调控机构备案。

（3）可能出现孤网运行的，上级调控机构应根据地区电网特点与关联程度，组织下级调控机构及相关发电企业对预案进行统筹编制。

3．定期开展多级调度联合演习，调度运行人员全面掌握预案

联合演练主要针对可能出现的需要多级调控机构协同处置的电网严重故障等情况，达到检验突发事件应急预案，完善突发事件应急机制，提高调度系统应急反应能力的目的。每年迎峰度夏（冬）调控机构应至少组织或参加一次电网联合反事故演习。

（1）联合演练一般由参加演练的最高一级调控机构组织，下级调控机构、厂站、配网调控、配网抢修应配合上级完成演练；各级调控机构负责其直接调管范围内的演练。

（2）联合演练宜采用调度培训仿真系统 DTS，演练期间，应确保模拟演练系统与实际运行系统有效隔离，实际演练系统与其他无关演练的实际运行系统有效隔离。

4．演练后及时开展评估，总结分析演练成效，针对演练暴露出的问题，修订预案

联合反事故演习应组织相关人员现场观摩，并开展反事故演习后评估。电网故障处置联合演练结束后，由组织演练的调控机构的评估组进行评价考核，并通报相关单位。

演练评估应由本单位参演人员、导演人员以及观摩人员共同参加，评估应依据规程、预案及有关标准规定，运用核实、考问、推演、分析等方法，客观、科学地评估演练方案编制、演练处置过程，查找存在的问题，指导本单位有针对性修订有关预案。

（三）典型案例

1．事件概况

事故前，500kV 草 A 变电站 2 号主变压器计划于 9 月 8 日 0 时 00 分～5 时 00 分停电处理绕组温度控制器；500kV 漫 C Ⅱ回线同时计划停电处理草 A 侧高压电抗器漏油。9 月 7 日，省调操作草 A 2 号主变压器和漫 CⅡ回停电，23 时 35 分将草 A 2 号主变压器 5032、5033 断路器断开，23 时 40 分将 500kV 漫 CⅡ回漫侧 5032、5033 断路器断开。

23 时 41 分 59 秒，500kV 漫 C Ⅰ回 338 号塔 C 相遭雷击，两侧保护跳 C 相，重合成功；但因漫 CⅡ回停电操作时，省调未将漫 C Ⅰ回草 A 变电站侧断路器重合闸改为重合 3/2 断路器接线的中间位置断路器（5022），造成漫 C Ⅰ回草 A 侧重合闸重合在空母线上，漫 C Ⅰ回非全相运行，漫侧断路器三相跳闸，漫厂与系统解列，引起 220kV EF 线潮流反转，反向过负荷。

23 时 44 分 35 秒，EF 线 E 侧 254 断路器因反向过负荷安全自动装置动作解列。

EF 线解列后，××省电网孤立运行，频率由 49.86Hz 降至 48.52Hz，低载减负荷 I、II、III 轮全部动作，切除线路 238 条，共切除负荷 391MW，占当时系统负荷 1750MW 的 22.34%。

相关接线方式如下图所示。

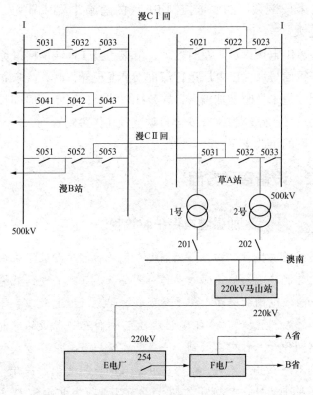

事故相关接线方式图

2. 暴露主要问题

（1）调度未制定故障处置应急预案。在重大运行方式改变前，未结合电网结构变化，开展风险评估，制定重大方式改变的故障处置应急预案。

（2）未按照上下级调控机构协同处置方式制定故障处置应急预案。省调未向相关下级调控机构和厂、站作相应的电网运行方式改变介绍、技术交底、注意事项；有关厂、站不知电网运行方式变化，未做相应的事故预想及加强监控的措施。E 电厂未按调频厂的要求控制 EF 线的潮流并及时调整，导致事故扩大。

（3）E 电厂人员未及时处理、汇报。当 EF 线反向过负荷并发出告警信号后，E 电厂运行值班人员发现异常时，既未立即汇报省调，也未及时增加出力，导致 EF 线反向过负荷时间长达 2 分 23 秒，最终造成 EF 线安全自动装置动作跳闸解列，××省失去了主网的事故支援。

二、设备管理方面

第十八条 加强继电保护装置管理

坚持继电保护"四性"原则要求。严防因保护装置采用合并单元、智能终端后快速保护动作时间延长，导致的电网故障未能及时切除、电网故障扩大；严防因合并单元故障导致多套保护不正确动作或闭锁；严防智能变电站 SCD 文件出错导致的继电保护不正确动作。工作中应做到，一是落实常规 TA 采样方式的智能变电站不经合并单元直接接入保护装置的反措要求，提升智能变电站保护速动性、可靠性；二是督导落实智能变电站 SCD 文件管理规定，定期检查和考核智能变电站 SCD 文件管理情况；三是推进以"采样数字化、保护就地化、元件保护专网化、信息共享化"为特征的继电保护技术体系建设。

⏱ **释义** ┈▶

本条款要求坚持继电保护"四性"原则，防止发生继电保护装置误动、拒动，造成电网保障未能快速切除，引起（扩大）电网事故。

（一）主要安全风险

（1）保护装置采用合并单元、智能终端后快速保护动作时间延长，导致的电网故障未能及时切除、电网故障扩大。

（2）合并单元故障导致多套保护不正确动作或闭锁。

（3）智能变电站 SCD 文件出错导致的继电保护不正确动作。

（二）主要工作措施

1. 落实常规 TA 采样方式的智能变电站不经合并单元直接接入保护装置的反措要求，提升智能变电站保护速动性、可靠性

坚持继电保护"四性"原则。智能变电站的保护设计应避免合并单元、智能终端、交换机等设备故障时，同时失去多套保护。保护采用常规互感器经合并单元采样的方案，一个合并单元采样数据供多类保护装置使用，增加了中间环节，导致保护整组动作时间延长 5～10ms，影响了保护的快速性；且一个合并单元故障，可能会导致多套保护无法使用，影响了保护的可靠性。新、扩建或改造的智能变电站采用电子式互感器时，应通过数字采样接入保护装置；采用常规互感器时，应通过二次电缆直接接入保护装置。

2. 督导落实智能变电站 SCD 文件管理规定，定期检查和考核智能变电站 SCD 文件管理情况

（1）加强智能变电站 SCD 文件管理。严格执行变电站配置文件运行管理规定，加快推进配置文件管理系统建设，强化工程交接和运行变更环节配置文件管控；开展在运智能变电站配置文件排查，确保配置文件与现场实际一致。运行维护单位应制定智能变电站继电保护系统文件管理制度，对配置文件及其版本实行统一管理，保证配置文件内容与其版本一一对应，并记录配置文件的修改原因；文件变更应遵循"源端修改，过程受控"的原则，明确修改、校核、审批、执行流程。

（2）落实检查和考核要求。国调中心及分中心对省级调控中心继电保护和安全自动装置软件管理工作开展监督检查；省级调控中心应对区域内地县调控中心继电保护和安全自动装置软件管理工作开展监督检查和考核。各级调控中心继电保护和安全自动装置软件管理工作执行情况纳入调控机构工作考核。

3．推进以"采样数字化、保护就地化、元件保护专网化、信息共享化"为特征的继电保护技术体系建设

依据《国家电网公司继电保护技术发展纲要》（国家电网调〔2017〕458 号），开展以"采样数字化、保护就地化、元件保护专网化、信息共享化"为特征的继电保护技术体系顶层设计、关键软硬件技术和检修运行技术研究，构建适应新一代智能变电站电子式互感器接入、满足继电保护"四性"要求、不依赖 SCD 文件配置的继电保护体系，推动智能变电站技术进步。

（1）采样数字化。保护装置直接接收电子式互感器输出的数字信号，不依赖外部对时信号实现保护功能。

（2）保护就地化。保护装置采用小型化、高防护、低功耗设计，实现就地化安装，缩短信号传输距离，保障主保护的独立性和速动性。

（3）元件保护专网化。元件保护分散采集各间隔数据，装置间通过光纤直连，形成高可靠无缝冗余的内部专用网络，保护功能不受变电站 SCD 文件变动影响。

（4）信息共享化。智能管理单元集中管理全站保护设备，作为保护与变电站监控的接口，采用标准通信协议，实现保护与变电站监控之间的信息共享。

（三）典型案例

▶▶ **典型案例一**

1. 事件概况

某 500kV 智能变电站继电保护设备采用"常规互感器+合并单元"采样模式，所采用的模拟量输入式合并单元因内部软件延时参数设置错误，导致交流电流采样数据不同步。在区外故障时，500kV 主变差动保护、220kV 母线差动保护、220kV 部分线路差动保护相关差动保护感受到差流，进而引发保护装置误动作。

2. 暴露主要问题

单个合并单元故障导致多套保护误动。未严格执行《国家电网公司防止变电站全停十六项措施（试行）》（国家电网运检〔2015〕376 号）15.1.6 条：采用常规互感器时，应通过二次电缆直接接入保护装置。由于主变压器差动保护、母线保护等多套保护共用一台合并单元，当合并单元因软件设置错误出现故障时，导致与此相关联的保护误动跳闸。

▶▶ **典型案例二**

1. 事件概况

某 500kV 智能变电站继电保护设备采用"常规互感器+合并单元"采样模式，由于所采用的模拟量输入式合并单元因 A 相小TA 二次侧管脚间歇性接触不良导致双 AD 采样数据异常，在电网正常运行时，母线保护和线路保护感受到差电流，进而引起保护装置误动作。

2．暴露主要问题

单个合并单元故障导致多套保护误动。未严格执行《国家电网公司防止变电站全停十六项措施（试行）》（国家电网运检〔2015〕376号）15.1.6条：采用常规互感器时，应通过二次电缆直接接入保护装置。由于线路保护、母线保护等多套保护共用一台合并单元，当该合并单元因硬件异常出现故障时，导致与此相关联的保护均异常并误动跳闸。

▶▶ 典型案例三

1．事件概况

以信息数字化为特征的智能变电站应用，推动了继电保护技术革新，但智能变电站在运行过程中暴露出一些问题，需要进一步提升完善。一是继电保护速动性降低。大量220kV及以下变电站依然采用经合并单元采样、智能终端跳闸的过渡方案，增加了中间处理环节，导致快速保护动作时间延长了5～10ms，降低了继电保护的速动性。二是继电保护可靠性降低。据统计，智能变电站保护及相关装置平均缺陷率及平均消缺时间均远高于同期常规站保护装置。三是继电保护误动风险增加。智能变电站SCD文件一旦出错将直接影响继电保护动作的正确性，与保护无关的控制功能和信息功能变动都需要对SCD文件进行修改，客观上增加了继电保护不正确动作的风险；智能变电站以光缆和软件逻辑代替常规二次回路后，二次"虚回路"无法直观可见，检修隔离无明显断开点，现场工作安全风险增大；合并单元、智能终端产品不成熟，多次导致保护误动，严重影响供电可靠性。

针对上述情况，××电力公司积极探索就地化保护技术，并实现了挂网运行，提高了保护的速动性、可靠性，简化了现场工作，减少了现场作业风险，取得了非常好的成效。

2．有益经验

（1）保护速动性和可靠性有效提高。就地化保护装置简化二次回路设计，取消合并单元和智能终端，采用电缆"直采直跳"模式，使保护动作时间缩短 25%～33%；同时，降低了单一元件故障导致多套保护不正确动作或闭锁的风险，有效提高保护速动性和可靠性。

（2）现场作业简单高效。就地化保护装置在调试中心完成单装置调试或整站二次设备联调工作，现场更换后仅需传动验证回路，调试时间缩减 70%以上。保护装置采用标准化接口、模块化组合及即插即用设计，可实现不同厂家设备之间的整机更换，现场作业简单高效。

（3）现场作业风险减少。就地化保护采用自动配置技术，无需手动配置虚链路，减少误拉虚回路的风险，防止"误配置"。采用标准化连接器，利用不同色带和容错键位的防误设计，防止"误接线"。采用自动防电流回路开路技术，当航空插头未插紧时，将自动短接电流回路，防止"误开路"。通过装置端子的密封设计和铅封设计，杜绝"误碰""误拆"，从装置设计上大幅提高现场工作安全性。

第十九条 加强保护、安全自动装置软件管理

坚持继电保护、安全自动装置软件全过程管控，杜绝未经专业检测的软件版本投入运行。严防工程调试和运行中，直流控制保护系统软件随意修改、版本审核不严；严防安全自动装置不正确动作导致影响电网安全运行。工作中应做到，一是完善直流保护软件修改审核机制，研究直流保护软件可视化页面校验码技术，实现软件修改自动校核和错误识别功能；二是开展直流控制保护系统模块化设计，组织装置入网检测，提高控制保护装置运行可

靠性；三是开展安控装置"六统一"标准化设计以及专业检测，严把安控装置选型入网关，提升安控装置的标准化水平。

⏱ **释义** ⤏

本条款要求坚持继电保护、安全自动装置软件全过程管控，杜绝未经专业检测的软件版本投入运行，以保障保护及安全自动装置软件版本安全，防止不正确动作。

（一）主要安全风险

（1）工程调试和运行中，直流控制保护系统软件随意修改、版本审核不严，造成安全自动装置不正确动作。

（2）直流控制保护装置未经入网检测投入运行，造成保护装置运行可靠性下降。

（3）安控装置未按"六统一"标准化设计以及未经专业检测，未严把安控装置选型入网关，造成安全自动装置不正确动作。

（二）主要工作措施

1.完善直流保护软件修改审核机制，研究直流保护软件可视化页面校验码技术，实现软件修改自动校核和错误识别功能

（1）加强技术研究。研究直流保护系统软件可视化页面校验码技术，实现校验码自动比对和错误识别功能，防止超范围修改，确保现场修改软件页与通过检测软件页的一致性，提高现场软件修改效率，确保修改正确性。

（2）加强直流控制保护系统软件版本管理。落实换流站直流控制保护软件管理规定，严格履行软件修改申请、审核、批准流程；完善直流控制保护软件版本管控技术手段，杜绝人为擅自修改；软件变更必须经过中国电科院仿真验证，必要时还应

经现场试验验证；现场修改直流控制保护软件严格遵守《国家电网公司直流控制保护软件运行管理实施细则》（调继〔2017〕106号）。

2．开展直流控制保护系统模块化设计，组织装置入网检测，提高控制保护装置运行可靠性

（1）加强技术研究。梳理现有直流保护系统架构，理清功能逻辑、接口范围和参数，对程序进行模块划分，研究直流保护装置标准化设计和通用配置原则，实现保护装置定型。

（2）规范直流控制保护系统管理。落实直流控制保护系统标准化要求，推进直流控制保护装置入网检测，加快成熟产品定型，提升直流控制保护系统标准化、规范化水平；以电网需求为导向，优化完善直流控制保护系统策略；构建直流控制保护系统可靠性评价体系，应用评价结果优化系统设计，提升直流控制保护系统稳定性。

3．开展安控装置"六统一"标准化设计以及专业检测，严把安控装置选型入网关，提升安控装置的标准化水平

（1）加强安控装置管理。落实安控装置"六统一"标准化设计规范，优化安控装置软、硬件设计架构，统一技术要求和配置原则，提高安控系统标准化水平和整体可靠性。制定安控装置检测标准，规范检测流程，全面开展专业检测。根据安控装置检验规程，制定现场标准化作业指导书，严格执行首年全检和定期检验制度，创新检验技术，提高检验水平。

（2）加强安控系统软件管理。落实《安全稳定控制系统检测工作管理办法》，新（改、扩）建工程安控装置须通过专业检测，安控系统经整体测试后方可入网运行，系统策略须通过省级电科院工程实施测试。严控安控系统软件版本，确保软件策略升级必检，如因电网结构或者运行方式改变、安控装置增减、输入输出

变化使得相应稳控装置的控制策略、功能发生变化，导致安控装置的软件或 ICD 文件版本发生变化，其软件及 ICD 文件应通过专业检测。

（3）加强安控装置技术研究。开展安控装置"六统一"设计，提升安控装置标准化水平；优化安控系统的可靠性设计，满足电网安全需求；创新安控装置检验技术，解决现场安控系统联调的问题，提升现场工作效率和检修水平。

（三）典型案例

▶▶ 典型案例一

1. 事件概况

某换流站为解决极控系统板卡异常问题，对控制系统软件进行变更。在一次软件变更工作中，厂家技术人员未按照软件管理规定要求，未办理工作票，擅自按厂内技术人员要求将 PPCUDCALC 页 BC_ON 信号改为 false（该修改不在当次软件修改范围内），主观认为该改动能解决功率转带多出 21MW 的问题，导致软件逻辑错误。在双极运行正常停运一个极时，导致另外一个极的电压、功率发生突变，功率跌落至最小功率，严重影响了电网安全。

2. 暴露主要问题

直流控制保护软件修改随意。现场软件修改违章作业，未严格执行《国家电网公司直流控制保护软件运行管理实施细则》（调继〔2017〕106 号）。厂家技术负责人未执行软件修改审核和试验验证流程，指示现场技术服务人员进行程序修改；现场技术服务人员在未办理工作票、未告知运维人员的情况下，擅自修改直流控保系统软件程序，导致软件逻辑错误，软件修改作业行为随意。

▶▶ 典型案例二

1．事件概况

某换流站控制保护系统网络结构拓扑过于繁杂，且交换机性能不高。某日，该站控制系统网络出现异常，导致整个网络阻塞，控制保护系统发生"灾难"性故障，涉及设备层和站控层设备。设备层表现在冗余系统不可用导致 Y_BLOCK 和断路器跳闸以及设备层通信异常；站控层表现在站控层网络通信异常，无法正确监视一次设备和控制系统运行情况。最终由于双极 PCP 监视到系统紧急故障，极Ⅰ、极Ⅱ分别 Y 闭锁。

2．暴露主要问题

直流控制保护系统可靠性不高。控制保护系统不成熟不稳定，网络架构不合理，物理环网过多，运行可靠性不高。一旦发生网络广播风暴，网络节点瞬时的数据吞吐量将极为庞大，或者是节点交换机故障，将导致整个网络阻塞，引起极闭锁。

▶▶ 典型案例三

1．事件概况

某电厂一条外送线路发生 AB 相间短路接地故障，线路保护正确动作跳开线路，安全稳定装置按照预置策略启动"切 1、2 号发电机动作"的命令，因发电机变压器组非电量保护装置内部断路器量输入防抖时间参数设置不合理（防抖时间大于安稳装置出口脉冲时限），造成安全稳定控制装置拒动。

2．暴露主要问题

（1）现场保护装置与安全稳定控制装置之间的配合不当。本事件中安全稳定控制装置借助发变组非电量保护装置作为出口回路，但保护装置防抖时间参数设置过长导致安全稳定控制装置拒动，在系统设计中，未考虑二者动作时间、动作逻辑等方面的配合关系。

（2）未按规定开展系统联调，检验覆盖面不全。系统联调的目的是检验安全稳定控制系统在各种运行工况下各站间通信通道、站内装置输入输出及整组动作等整个环节的运行可靠性。从实际运行情况看，由于稳定控制系统涉及厂站多，现场装置检验往往只进行单装置的调试。应加强对安全稳定控制装置的检验管理，按照 DL/T 955《继电保护和电网安全自动装置检验规程》要求，定期开展安全稳定控制系统的系统联调工作。同时稳控装置投运前，必须完成装置的整组动作试验，保证装置能可靠动作。

▶▶ 典型案例四

1．事件概况

某电厂机组发生多次有功功率波动，最大幅值达到 300MW，经历 3 次现场试验，初步确认发电机励磁的电力系统稳定器（PSS）环节在 0.82Hz 低频振荡模式附近存在问题，未能提供正阻尼。在实验室通过复现事故场景、进行理论模型与实际装置特性对比等，发现发电机组采用的该厂家励磁与 PSS 系统集成软件的内部参数出厂缺省设置错误,是导致发电机组动作异常的原因。且此软件版本的励磁控制功能和 PSS 均未经过各省网检测中心的入网检测。

2．暴露主要问题

未经入网检测 PSS 环节内部参数设置错误,造成有功功率波动。发电机组的 PSS 应通过国家质检部门的型式试验或各省网有关检测规定要求的入网检测才能进入电网。本事件中所应用的 PSS 装置未经认证的检测中心进行入网检测,存在着参数整定及设置错误,未能及时发现解决,导致了在实际现场应用中,出现机组有功功率大幅波动的不稳定现象。

第二十条　加强设备监控信息管理

坚持变电站监控信息全过程管控，严格监控信息表管理。严防因不同厂家设备之间、不同变电站同类设备之间存在信号设计不一致，导致变电站监控信息接入标准执行不到位；严防因变电站监控信息涉及多专业和部门协同不顺畅，导致信息表制定审核、监控信息接入验收等环节存在信息错误和遗漏。工作中应做到，一是严格按照调控机构设备监控信息标准和管理规定做好监控信息表制定、审核、变更和发布；二是坚持变电站监控信息全过程管理，严格执行监控信息接入验收管理，做好技术方案和工作措施，做好验收资料和报告的归档工作。

⏱ 释义 ---▸

本条款要求严格执行监控信息接入和监控信息表相关管理规定，监控信息标准统一、准确完整，监控信息接入验收流程顺畅、管理规范，严防监控信息接入标准执行不到位、监控信息错误或遗漏。

（一）主要安全风险

（1）监控信息接入错误或信息描述不规范，导致误判断。

（2）监控信息接入不完整，导致设备运行状态失去监视。

（3）监控信息接入验收流程不规范，未及时发现信息接入验收过程中的问题，或未实行监控信息表定值化管理，监控信息表版本不一致，导致监控信息与现场不一致。

（二）主要工作措施

1. 严格按照调控机构设备监控信息标准和管理规定做好监控信息表制定、审核、变更和发布

（1）科学制定监控信息表。设备监控信息表的制定应严格按照相关标准和规定，坚持全面完整、描述准确、稳定可靠、源端

规范、上下一致、接入便捷的原则。

（2）严格执行监控信息表的审核、变更和发布流程。严格按照业务规范开展设备监控信息表的审核、变更和发布工作，规范职责分工和业务流程，实行监控信息表定值化管理。

2. 坚持变电站监控信息全过程管理，严格执行监控信息接入验收管理，做好技术方案和工作措施，做好验收资料和报告的归档工作

（1）规划设计阶段强化设备监控信息设计审查。变电站设备监控信息应纳入工程设计范畴，与一、二次系统同步设计，并按照变电站设备监控信息技术规范要求，统一命名规则、统一信息建模、统一信息分类、统一信息描述、统一告警分级、统一传输方式。设计单位应根据所在调控机构技术规范和有关规程、技术标准、设备技术资料，按照调控部门提供的标准格式编制监控信息表。监控信息表应随设计图纸一并提交建设管理部门。建设管理部门组织新（改、扩）建变电站设计审查时，应将设备监控信息列入审查范围，调控机构、变电站运维检修单位对监控信息正确性、完整性和规范性进行审查。

（2）设备选型阶段落实设备监控信息技术标准。调控机构会同运维检修单位组织制定变电站设备监控信息相关技术条件，并将其纳入物资管理部门设备招标技术规范书。物资管理部门组织进行招标技术规范书审查时，应将监控信息列入审查范围，协同调控机构、变电站运维检修单位对技术规范书进行专业审查。设备生产厂商设计开发产品应符合国家标准、行业标准及相关规程、规范，满足招标技术规范书监控信息技术要求，不实质性响应招标技术规范书要求的应被否决投标。

（3）安装调试阶段参加变电站监控系统出厂验收。调控机构

和变电站运维检修单位应参加建设管理部门组织的变电站监控系统集成的出厂验收，将监控信息作为出厂验收的组成部分，并对监控信息是否满足招标技术规范书要求提出专业意见。建设管理部门应加强变电站设备监控信息调试管理，确保监控信息与现场实际一致。设计单位应根据变电站现场调试情况，及时对监控信息表进行设计变更，安装调试单位应向变电站运维检修单位提交完整的监控信息竣工资料。

（4）接入验收阶段严格执行集中监控接入、验收、许可规范化管理要求。变电站运维检修单位负责对接入变电站监控系统的监控信息完整性、正确性进行全面验证，完成监控信息现场验收后方可向调控机构提交接入申请。调控机构负责审批监控信息接入申请，确认变电站设备监控信息满足联调验收条件后，负责组织监控信息调度端与站端的联合调试，逐一传动验收。变电站设备监控信息通过联调验收后，变电站运维检修单位方可向调控机构提出集中监控许可申请。

（5）运行管理阶段开展监控信息定值化管理。调控机构应加强变电站设备监控信息表管理，规范版本管理，确保监控信息表的正确性、唯一性。调控机构应定期开展智能电网调度控制系统和变电站监控系统监控信息表版本核对工作。

（6）检修维护阶段防止监控信息频报、误报、漏报事件发生。运维检修单位应对变电站设备监控信息采集中断、遥控故障、不正确上送等事件进行现场分析和试验，并向调控机构报送分析报告。变电站设备检修工作开始前，运维检修单位应汇报调控机构当值监控员，并共同做好监控信息检修抑制相关技术措施，防止影响正常监控运行。工作结束恢复送电前，变电站运维检修单位应与调控机构当值监控员进行必要的监控信息核对和传动验证。

（三）典型案例

1．事件概况

某变电站开展间隔新投和 TA 更换工作。变电站运维检修专业未向调度系统运行专业、自动化专业和设备监控管理专业提交相应申请，厂家技术人员未办理工作票，擅自按照现场专业工作负责人要求在远动机上修改信息点表。由于信息点表未经过专业审核，此次工作修改不完全，工作完毕后现场也未进行相应的信息核对。此工作造成该设备之后的遥控点全部向前移一位，新投运间隔未纳入集中监控，主站相应图形和限值未进行修改和设定，导致值班监控员在日常监视时无法正常监视此间隔，且在正常调压操作时误拉相邻间隔断路器。

2．暴露的主要问题

（1）未严格执行"新设备启动管理"流程。变电站运维检修单位在设备新投前未按照要求提交新设备投入申请书。

（2）未严格执行"调度集中监控信息接入（变更）、验收、许可管理"流程。变电站运维检修单位未在设备新投或变更时按照要求进行信息点表和设备监视限值单提交。

（3）未按照规定开展信息接入验收。变电站运维检修单位未与调度相关专业进行新设备监控信息联调。

（4）违反现场规程。厂家技术人员在未办理工作票、未告知运维人员情况下，擅自修改远动配置，导致修改不完全，现场作业行为随意。

第二十一条 加强智能电网调度控制系统运行管理

保障智能电网调度控制系统的基础平台和各类应用正常运转。严防调度控制系统配置不满足标准要求、未实现双机冗余和通道冗余；严防自动化设备运行年限偏长，运行状态不稳定；严防系统检修未严格按照检修申请和批复流程，故障未及时发现或未及时处理。工作中应做到，一是定期对现有的调度控制系统开展全面评估分析，并根据运行要求完善管理制度和硬件配置，及时更换、维护相关设备；二是完善自动化设备的运行监视和巡检，及时发现故障并严格执行设备检修申请和批复流程；三是建立健全备用调度系统建设运转机制，逐步实现主调系统故障情况下备用系统对调度全业务的实时支撑；四是针对省级以上调控机构 D5000 系统投产超 8 年后硬件故障增加情况，及时提出系统技改、大修计划安排，完善调度技术支持系统硬件运行、维护及备用机制，确保技术支持系统稳定运行。

⏱ **释义** ┄┄►

本条款要求严格落实智能电网调度控制系统标准配置要求，加强调度自动化设备和系统的建设及运行维护，严格执行自动化设备检修流程，全力保障智能电网调度控制系统的基础平台和各类应用正常运转，严防电网调度控制业务失去实时技术支持系统支撑。

（一）主要安全风险

（1）调度控制系统配置不满足标准要求，未实现双机冗余和通道冗余，导致系统运行安全性、可靠性下降。

（2）自动化设备运行年限偏长，未及时开展系统维护和升级改造，导致自动化设备运行状态不稳定。

（3）系统检修未严格按照检修申请和批复流程执行，导致系统检修时影响调度正常业务功能使用。

（4）故障未及时发现或未及时处理，导致故障扩大或系统功能失去，影响调控业务开展。

（5）备用调度系统功能不完善或未实现常态运转，无法做到实时无缝切换应用，导致主调系统故障情况下调度实时业务无备用系统支撑。

（二）主要工作措施

1. 定期对现有的调度控制系统开展全面评估分析，并根据运行要求完善管理制度和硬件配置，及时更换、维护相关设备

（1）落实分析评价制度。日常运维工作中按照日统计、月分析和年评价的形式，对自动化系统和设备运行健康状况开展定期分析评价，从主站系统、子站设备、网络通信三个层面发现运行隐患，针对每条隐患制定相应的整改措施和期限，提高自动化系统和设备的运行维护水平。开展省地县同质化管理，重点提升县公司运维分析水平，定期组织召开分析评价会议，总结运维经验，推广优秀做法。

（2）建立健全规章制度。应结合本网、本单位实际情况，建立健全调度自动化系统运行管理规程、考核办法、机房安全管理制度、系统运行值班与交接班制度、系统运行维护制度、运行与维护岗位职责和工作标准等，开展学习培训，加强制度宣贯，确保各项规章制度的有效执行。

2. 完善自动化设备的运行监视和巡检，及时发现故障并严格执行设备检修申请和批复流程

（1）加强设备监视巡检。严格执行 DL/T 516《电力调度自动化系统运行管理规程》等要求，定期对自动化系统和设备开展规范化巡视、检查、测试和记录，确保系统软硬件正常运行；定期核对电网运行基础数据，确保数据准确可靠；发现异常情况及时采取有效措施，提高系统运行可靠性水平。

（2）加强设备检修管理。依托调度生产管理系统等信息系统，实现自动化设备缺陷发现、分析处理、结果反馈、评价考核全过程在线流转和闭环管控。严格落实设备运维责任，全面建立自动化专业与检修专业工作协同机制，重点落实厂站端设备检修闭环管理。

3．建立健全备用调度系统建设运转机制，逐步实现主调系统故障情况下备用系统对调度全业务的实时支撑

主备调应相互接入对侧系统远程终端，主调常态使用备调远程终端开展（部分）调控业务，主、备调控系统并列运行、交叉应用。加强调度数据网络、UPS 电源、调度电话、信息网络等相关主备调基础设施的运行维护，确保主、备调技术支持系统保持同步运行、信息一致，定期开展主备调切换演练，确保在主调失效时，能够快速实现电网调度指挥权的切换。

4．针对省级以上调控机构 D5000 系统投产超 8 年后硬件故障增加情况，及时提出系统技改、大修计划安排，完善调度技术支持系统硬件运行、维护及备用机制，确保技术支持系统稳定运行

（1）合理安排技改大修。根据基础信息统计指标分析自动化系统和设备的装备情况，梳理分析本网基础设施建设的不足，结合本网实际情况，合理制定计划，采取有效措施，进一步提高自动化系统的技术装备水平，预防因设备老化、运行状态不稳定而对各项业务产生影响。

（2）全面做好防控措施。制定和落实调度自动化系统应急预案和故障恢复措施，开展应急演练，系统和运行数据应定期备份。熟悉设备和系统的薄弱环节，对设备故障可能产生的对本系统及其他系统的影响及范围做出预估预判，将设备故障风险降至最低。

(三) 典型案例

1．事件概况

某供电公司调度自动化主站人员接到县调反映，SCADA 画面遥测历史曲线无法查看。经检查发现历史服务器磁盘阵列中三块硬盘已损坏，商用数据库无法启动。该磁盘阵列已使用满 8 年。经紧急联系厂家技术人员，首先在某备用工作站上搭建临时数据库，恢复遥测历史曲线查询功能。同时，协调厂家更换已损坏的硬盘，重新搭建商用数据库，导入 Web 服务器的历史数据，恢复商用数据库的正常使用。

2．暴露的主要问题

（1）未及时对自动化系统和设备开展巡检。自动化主站人员没有按照相关规程规定要求对自动化系统和设备开展有效巡检，未按照日统计、月分析和年评价的形式认真落实分析评价制度，导致运行隐患排查整改不足。未对数据库服务器和磁盘阵列等系统稳定运行基础设施开展重点巡查。

（2）未及时安排自动化系统和设备技改、大修。对保障系统稳定运行的基础设施分析评价不足，未对运行年限较长、故障频发的设备开展有效整治，未建立有效的 D5000 系统运行、维护和备用制度。

第二十二条 加强自动化机房及电源管理

保障自动化机房安全防护及正常运转。严防自动化机房环境、火警、防水及设备接地等不满足要求；严防机房未设置符合安全防护标准的门禁系统，外来维护开发人员管理不严；严防单电源供电、电源运维不当、UPS 负载未达到冗余配备，造成自动化设备停运或损坏。工作中应做到，一是严格执行机房温（湿）、烟、水及空调、电源系统等建设、告警、运维标准；二是严格执行外来维护、开发人员管理制度；三是按照要求完善主、备调系统供电回路和 UPS 电源，加强设备运行维护。

⏱ **释义** ··➤

本条款要求严格执行调度自动化机房建设和运行维护标准，机房设施配置完善，机房维护管理规范，严防自动化机房设施配置不当或遭到外力破坏，造成自动化设备停运或损坏。

（一）主要安全风险

（1）自动化机房环境、火警、防水及设备接地等不满足要求，造成自动化设备不能正常运转。

（2）机房未设置符合安全防护标准的门禁系统，外来维护开发人员管理不严，导致自动化机房遭到外界侵入和外力破坏。

（3）单电源供电、电源运维不当、UPS 负载未达到冗余配备，导致自动化设备和系统失去电源而停运。

（二）主要工作措施

1. 严格执行机房温（湿）、烟、水及空调、电源系统等建设、告警、运维标准

（1）加强自动化机房标准化建设。各级调度机构应按照调控机构安全生产保障能力评估等相关文件的要求，执行调度自动化机房温（湿）、烟、水及空调、电源系统等机房辅助设施的建设、告警、运维标准。省级以上和地县级调度控制系统所在机房环境及相应管理应分别满足信息安全等级保护四级和三级的要求。

（2）加强机房环境动力监测。各级调度机构应部署机房环境动力监测系统，对机房温、湿度、漏水、烟气等环境变量，UPS

电源、精密空调、门禁系统、消防系统等设备运行状态变量，进行 24 小时实时监测和告警，为自动化系统和设备的安全稳定运行提供基础保障。

2．严格执行外来维护、开发人员管理制度

强化人员及门禁管理。参与公司系统所承担电力监控系统工作的外来作业人员应熟悉《国家电网公司电力安全工作规程（电力监控部分）（试行）》（国家电网安质〔2018〕396 号），经考试合格，并经电力监控系统运维单位（部门）认可后，方可参加工作。建立健全外来维护、开发技术人员的管理制度，规范外来人员操作行为，设置符合安全防护标准的门禁系统，保障调控场所及自动化系统运行安全。

3．按照要求完善主、备调系统供电回路和 UPS 电源，加强设备运行维护

（1）优化系统电源接线方式。主站系统应配备专用 UPS 供电，不应与信息系统、通信系统合用电源。UPS 应主/备冗余配置，任一台容量在带满主站系统全部设备后，应满足相应等级供电容量要求，交流供电电源应来自两路不同电源点。优化调整自动化系统硬件的电源接线，核心设备应采用双电源模块接入两路电源，单电源设备应确保双机冗余且双机分别接入两路电源，避免接线方式出现单点故障。

（2）规范 UPS 巡检及检修。UPS 运维必须由有专业资质的公司和队伍进行，运维人员宜具备相应的电工资格证书。定期对风扇、滤波电容等易损部件进行检查更换，定期开展电池充放电试验，及时更换内阻过大的蓄电池，确保外部交流电源消失后，UPS 电池满载供电时间不小于 2h。结合 UPS 电池运行年限、故障频发和自动化硬件设备新增情况，合理安排技改大修，及时更新、增容蓄电池。

（三）典型案例

1. 事件概况

某公司调度自动化机房 UPS 交流输入电源因外部施工电缆被挖断，抢修时间较长，最终导致调度自动化系统全停近 1h。事后，该公司对机房 UPS 设备配置与运行情况开展了调研，发现 UPS 接线方式有缺陷，两台 UPS 进线均取自同一路电源，且交流电源失去后，UPS 满载供电时间达不到 2h。

2. 暴露的主要问题

（1）未严格执行调度自动化机房建设、运维标准。机房建设时存在两台 UPS 进线均取自同一路电源或同一供电母线的缺陷，且在日常运维过程中未发现此种接线方式存在当电源断路器或母线故障时会导致两台 UPS 同时失去输入电源的安全风险。

（2）未开展 UPS 电源充放电试验。随着自动化系统和设备的不断新建和蓄电池运行年限增长，UPS 的后备供电能力逐步下降，没有同步开展供电能力测算和评估，没有采取更新、增容等积极措施消除供电隐患，造成 UPS 后备供电能力已不能有效满足自动化系统和设备的运行需求。

第二十三条 加强电力监控系统安全防护

坚决守住电力监控系统网络边界防线。严防发电企业涉网安全防护网络非法外联、远程运维，破坏生产控制大区横向边界；严防变电站调度数据网节点未完成纵向加密认证装置部署，个别纵向加密装置存在"大明通"策略，不能有效阻断病毒传播和网络攻击，局部事件可能扩大；严防配电自动化和负荷控制系统使用无线通信方式，横、纵向边界防护措施不到位，系统被远程控制甚至下发非法操作指令。工作中应做到，一是切实履行技术监督职责，排查网络安全漏洞和风险隐患，督促并网电厂（尤其新能源电站）按照安全防护各项要求落实整改措施；二是加快推进建设项目实施，实现 35kV 及以上变电站生产控制大区纵向加密认证装置全覆盖，强化纵向边界防护；三是完善配电自动化和负荷控制系统的安全防护方案，加强安全接入区和营销生产控制专区建设，落实纵向边界的双向认证措施，加强安防工作的技术监督与管理，提高配电自动化和负荷控制系统安全防护水平；四是各类技术支持系统功能建设必须与安全防护同步设计、同步建设、同步运维。

◎ 释义 ···➤

本条款要求严格落实电力监控系统网络横向、纵向边界防护措施，切实履行安防技术监督与管理职责，严防破坏电力监控系统网络边界防线，避免生产控制大区遭到网络攻击、电力监控系统遭到非法远程控制。

（一）主要安全风险

（1）横向边界上，发电企业（尤其是新能源电站）涉网安全防护网络非法外联、远程运维，破坏了生产控制大区横向边界，导致病毒和网络攻击侵入电网生产控制大区网络，威胁电网安全稳定运行。

（2）纵向边界上，变电站调度数据网节点未部署纵向加密认证装置，或个别纵向加密装置存在"大明通"策略，不能有效阻断病毒传播和网络攻击，导致局部网络安全事件扩大化。

（3）配电自动化和负荷控制系统使用无线通信方式，横、纵向边界防护措施不到位，存在系统被远程控制甚至下发非法操作指令的风险。

（二）主要工作措施

1. 切实履行技术监督职责，排查网络安全漏洞和风险隐患，督促并网电厂（尤其新能源电站）按照安全防护各项要求落实整改措施

（1）加强技术指导和交流。积极组织开展网络安全防护相关业务指导和交流，宣贯安全防护技术要求，规范安全防护作业行为，确保相关专业技术人员准确理解、正确执行各项安全防护规定，满足"四消除两关闭"（消除垃圾软件、程序不良行为、缺省用户和弱口令，关闭不必要的硬件接口和网络服务）的安全管控要求，具备"三合理一规范"（网络结构参数、安全防护策略、用户权限配置合理，运维操作行为规范）的运行保障条件。

（2）开展技术监督和检查。定期开展变电站和并网电厂安全防护督导检查，及时发现厂（站）端安全防护风险和漏洞，制定整改计划，切实推进网络安全防护相关规定的标准化执行和规范化应用，守住电力监控系统网络边界防线。

2. 加快推进建设项目实施，实现35kV及以上变电站生产控制大区纵向加密认证装置全覆盖，强化纵向边界防护

加快推进纵向加密认证装置部署。加强组织领导，统筹合理安排施工计划，认真履行开工手续和安全交底，避免施工过程中伴生安全风险的出现，加快实现35kV及以上电压等级变电站纵向加密认证装置的全覆盖。

3. 完善配电自动化和负荷控制系统的安全防护方案，加强安全接入区和营销生产控制专区建设，落实纵向边界的双向认证措施，加强安防工作的技术监督与管理，提高配电自动化和负荷控制系统安全防护水平

（1）完善配电自动化系统安全防护体系。配电网调度自动化

系统与本级调度自动化或其他系统通信时应采用逻辑隔离防护措施；进行纵向通信时，无论采取何种通信方式，应当对控制指令与参数设置指令使用基于非对称加密算法的认证加密技术进行安全防护。防止由于黑客、恶意代码的破坏和攻击造成配电监控系统瘫痪和失控，并由此导致的配电网一次事故。

（2）完善负荷批量控制安全防护体系。负荷批量控制功能应遵循电力监控系统安全防护规定，调控主站与变电站的数据传输通道应安全可靠、冗余配置，网络通道应采用纵向加密方式；应具备控制命令传输的全过程安全认证机制。

4．各类技术支持系统功能建设必须与安全防护同步设计、同步建设、同步运维

加强安全防护"三同步"管理。各单位在进行电力二次系统新建、改造工作的设计阶段，应同步开展电力二次系统安全防护方案设计，方案设计应符合电力二次系统安全防护总体方案。电力二次系统安全防护建设各个阶段，应符合工程管理相关标准；系统投入运行前，应制定运行维护管理规范，明确职责要求。

（三）典型案例

1．事件概况

某供电公司内网安全监视平台发现某并网电厂非实时加密装置上报1条紧急告警，告警源地址为该电厂非实时业务地址段IP。调查发现，该电厂未经调度批准自行进行加密装置接入调试，调试前未对调试人员进行安全防护培训和交底。厂家调试人员将调试笔记本接入调度数据网交换机，笔记本上安装的多个应用软件（360安全卫士、搜狗输入法、QQ、游戏软件等）自动发起对外部服务器地址的违规访问请求，触发站端加密装置告警。调度自动化人员发现该告警后要求现场厂家停止工作、立即断开笔记本

与交换机的连接后，告警信息不再出现。

2．暴露的主要问题

（1）未认真履行技术监督职责。电厂在开展网络安全防护装置调试工作时，未按照要求向相应调度机构提交申请，未获得许可即开始工作；网络安全防护装置厂家人员安装调试时未使用专用调试笔记本电脑开展相关工作；电厂网络安全管理专责未认真履行岗位监督职责，未及时发现在调试工作中存在的违规行为。

（2）未认真履行开工前的安全防护交底工作。未对现场调试人员和调试工作采取有效管控，开工前未对相关调试人员进行安全防护培训，没有签订网络安全承诺书，没有履行网络安全防护交底手续并签字确认。

第二十四条 加强电力监控系统网络安全监测

坚持实时监视与管控电力监控系统网络安全事件。严防内网安全监视平台监视范围不足、告警单一，不能全面核查、监视、审计、分析电力监控系统网络与设备的外部安全威胁和内部不安全行为。工作中应做到，一是推进地级及以上调控机构网络安全监管平台建设和升级工作，实现对外部网络侵入、外部设备接入、违规操作等行为的监视与告警，提升安全事件分析、安全审计、安全核查能力；二是推动变电站（换流站）、发电厂网络安全监测装置的部署，实现对厂站内部网络与设备的安全监视与管控。

🕐 释义 ⋯▸

本条款要求加强电力监控系统网络安全管理平台建设和网络安全监测装置部署，加快实现网络空间的实时监视和闭环管理，严防电力监控系统网络安全事件未及时发现和有效管控。

（一）主要安全风险

（1）电力监控系统网络安全监视和告警手段不具备或不完善，未能及时发现网络安全威胁或不安全行为，导致网络安全威胁或不安全行为进一步发展，造成网络安全事件。

（2）调控系统内网安全监视平台监视范围仅覆盖网络边界上的安全防护设备，不能全面核查、监视、审计、分析电力监控系统网络与设备的外部安全威胁和内部不安全行为。

（二）主要工作措施

1. 推进地级及以上调控机构网络安全监管平台建设和升级工作，实现对外部网络侵入、外部设备接入、违规操作等行为的监视与告警，提升安全事件分析、安全审计、安全核查能力

加快推进网络安全监管平台建设。细化实施方案，加强协同配合，按照《国家电网公司关于加快推进电力监控系统网络安全管理平台建设的通知》（国家电网调〔2017〕1084 号）要求，完成网络安全管理平台在地级以上调控机构的部署，省级以上平台接入国调平台，地级平台接入省调平台，推动网络安全管理从"静态布防、边界监视"向"实时管控、纵深防御"的转变。

2. 推动变电站（换流站）、发电厂网络安全监测装置的部署，实现对厂站内部网络与设备的安全监视与管控

加快推进网络安全监测装置部署。统筹协调相关部门和单位，大力推进项目立项和实施，强化关键时间节点的管理和建设质量评估，动态跟踪建设中遇到的问题，及时采取措施予以解决。在变电站和并网电厂部署网络安全监测装置，新建变电站（换流站）、发电厂网络安全监测装置与电力监控系统同步建设。

全面实现"外部侵入有效阻断、外力干扰有效隔离、内部介入有效遏制、安全风险有效管控"的防控目标。

（三）典型案例

1．事件概况

某 35kV 光伏电站在完成网络安全监测装置部署并对站端服务器工作站部署完监听程序后，省调网络安全监管平台出现告警信息，内容为××光伏电站功率预测主机存在无线网卡，并爆发非法外联事件，告警内容为 202.×.×.×访问 202.×.×.×，告警源和目的地址均为互联网地址；内网安全监视平台未报出任何告警信息。随后派专人经现场核实，发现该功率预测主机通过无线网卡直连互联网获取气象信息，拆除该无线网卡后，网络安全监管平台告警停止。

2．暴露主要问题

（1）内网安全监视平台监视范围不足。内网安全监视平台只能对纵向加密装置、防火墙、隔离装置等边界防护设备进行告警监视，不能对厂站内部站控层设备的非法外联、设备接入、违规操作等行为进行有效监视。

（2）未完成网络安全监管平台部署应用将导致网络安全告警无法有效管控。网络安全监管平台运用实时监视、预警告警、定位溯源、审计分析、闭环管控等先进适用功能，可以对网络空间内计算机、网络设备、安防设施等设备上的安全行为进行全面监控。本案例中，省调通过网络安全监管平台及时发现告警信息并进行了现场处置，有效化解了安全风险；如果未部署网络安全监管平台，在运的内网安全监视平台未报出任何告警信息，将导致该安全漏洞无法及时发现，给电力监控系统网络安全带来重大隐患。

第二十五条　完善新能源发电设备检测与运行监视

坚持新能源发电设备参数实测检定、全过程监督管理。严防新能源设备厂家送检原型设备与新能源电厂实际配置同型号设备参数不一致，造成涉网性能不满足要求；严防对新能源并网设备参数实测程度和全过程管控能力不足，新能源场站、调度机构、技术支撑单位涉网参数信息未实现贯通。工作中应做到，一是加强新能源场站验收前设备参数收资及参数在线管理；二是细化验收细则和现场核查，确保检验报告与设备型号一致；三是并网设备的性能或参数变更时，按照《国家能源局风电机组并网检测管理暂行办法》（国能新能〔2010〕433号），要求发电企业重新送检并确定衍生型号，检测合格后重新办理并网手续；四是完善风电场监控系统建设，提高对风电单机运行情况实时监控的能力。

⏱ **释义** ┈┈➤

本条款要求严把新能源电厂并网前资料审查、现场勘验、并网后现场检测、调度运行信息采集等过程管理，全面把控新能源电厂涉网安全性能，防止发生新能源电厂大面积脱网事故。

（一）主要安全风险

（1）并网机型不满足并网技术标准。新能源电站厂采用的机型未在有资质的检测机构进行低电压穿越能力、电网适应性等检测，在事故情况下极易发生无序脱网。

（2）型号及定值设置不一致。风电场风机的型式试验报告，光伏电站逆变器的型式试验报告及报送的频率、电压等涉网安全定值与现场实际运行设备的型号及定值设置不一致，造成电网无法正确把控新能源电厂的涉网安全性能。

（3）新能源电厂单机信息采集不全。风电场及光伏电站的单机信息未采集，当发生风机及逆变器脱网事故时，调控机构无法掌握风机及逆变器的运行状态，造成无法对新能源电站脱网的规模与程度做出判断。

（二）主要工作措施

1. 加强新能源场站验收前设备参数收资及参数在线管理

并网前，新能源场站应向电网调度机构提交并网申请书，同时提交符合相关技术标准要求的型式试验报告及设备参数信息，相关资料经调度机构审核确认后方可并网，日常运行中加强设备参数的在线管理，调度机构可及时调阅及掌握新能源电站的涉网安全性能。

2. 细化验收细则和现场核查，确保检验报告与设备型号一致

电网调度机构应根据相关验收规范，细化并网验收细则，明确验收内容。验收内容应包含检查风电场及光伏电站所安装的风机及逆变器包含几种型号，每种型号的风机及逆变器的检验报告与现场安装设备的型号是否一致，并通过抽查的方式验证机组部件与检验报告中机组信息一致。

3. 发现并网设备的性能或参数变更时，按照《国家能源局风电机组并网检测管理暂行办法》（国能新能〔2010〕433 号），要求发电企业重新送检并确定衍生型号，检测合格后重新办理并网手续

依据《国家能源局风电机组并网检测管理暂行办法》（国能新能〔2010〕433 号），新能源场站发电机、变流器、主控制系统、变桨控制系统和叶片等设备性能或技术参数发生变化时，应视为不同型号，新能源场站需要重新检测，检测合格后重新向电网调度机构提交申请、办理并网手续。

4．完善风电场监控系统建设，提高对风电单机运行情况实时监控的能力

依据 NB/T 31109《风电场调度运行信息交换规范》，建设完善风电场监控系统，其中风电场调度运行信息交换的内容包括风电机组的有功功率、无功功率、机舱风速计风速、风向、风电机组运行状态，数据采集和监控信息交换的运行指标及实时性能指标应满足 DL/T 5003—2017《电力系统调度自动化设计规程》的要求。

（三）典型案例

1．事件概况

某日，某风电场由于内部电缆头故障造成风电大规模脱网。事故起因是集电线路电缆发生单相故障，11s 发展为三相故障，系统电压跌落，274 台风机不具备低电压穿越能力脱网。事故发生前风电场在运 SVC 装置发出大量无功，系统大量无功过剩，系统电压升高，300 台风机因电压适应性差而脱网，系统频率下降，24 台风机因频率下降脱网。本次事故共有 16 座风电场中的 598 台风电机组脱网，损失出力 840.43MW，主网频率最低至49.854Hz。

2．暴露主要问题

（1）并网机型未进行型式试验验证。不具备低电压穿越能力，风机需要进行改造并进行低电压穿越能力验证。

（2）频率及电压耐受性及定值不满足电网适应性要求。当有扰动发生时，风机发生无序脱网，扩大了事故的发展。

（3）风机单机信息未采集。当发生风机脱网时调控机构不能及时掌握风机脱网情况，无法对事故的发生发展做到及时感知。

三、人员队伍方面

第二十六条 提高人员编制与到位率

调控机构人员岗位配置和实际到位率应满足安全工作要求。严防因调控机构人员编制不足、到位率偏低、结构性缺员、人员业务工作量过大，导致的安全生产事件。工作中应做到，一是建立覆盖各级调控机构的业务承载力评估体系，分层分级科学开展业务承载力分析；二是加强沟通协调，争取提高调控机构人员编制和到位率；三是强化支撑单位对调控系统的技术支撑与服务。

⏱ **释义** ┈┈►

本条款要求开展调控业务承载力分析，满足调控机构人员基本配置，确保各级调控机构业务不超承载力，保障调控业务相关人力资源和技术支撑，避免因为超承载力引起人员责任事故。

（一）主要安全风险

（1）人员编制不足，导致调控运行值班人员不满足基本配备要求。

（2）人员到位率偏低，调控机构人员长期超承载力工作，导致调控员疲劳，易引发调控员责任事故。

（3）人员年龄及知识结构老化，调控专业人员梯队建设滞后。

（二）主要工作措施

1. 建立覆盖各级调控机构的业务承载力评估体系，分层分级科学开展业务承载力分析

各级调控机构根据自身实际情况构建业务承载力评估体

系，定期开展承载力评估，明确承载力临界点，制定管控措施。确保承载力分析科学合理，各级调控机构人员不超承载力。

2．加强沟通协调，争取提高调控机构人员编制和到位率

定期依据承载力分析结果，结合实际现有人员情况，向人资部门提出人员编制需求，力争科学定员，合理裕度。从切实提升电网运行本质安全的需求出发，应充分考虑调控运行专业的特殊性，保障调控机构各项业务安全开展的最低人员配备和专业人才梯队建设的发展需要。

3．强化支撑单位对调控系统的技术支撑与服务

努力提升技术装备水平，丰富和拓展技术支撑功能和范围。通过不断强大的技术手段固化流程、提升效率、降低劳动强度、查找问题等，进而提升安全管理水平。利用大数据、云计算等新的分析手段加强电网运行分析的纵度与深度，同时对已有技术支撑服务存在的不足和缺陷，针对性地向支撑单位提出提升技术服务功能的改进要求。

（三）典型案例

1．事件概况

某地调坚持一个目标（保障电网安全）、两个模型（电网承载力和调控员承载力模型）、三个阶段（事前预控、事中管控、事后评估）的工作思路，科学构建承载力分析评估体系，常态化开展承载力分析工作，并将其深入运用于生产计划编制、人员调配、工作安排等领域。保障了人力资源优化配置的同时，确保了电网安全，特别是实现了 2016 年"祁韶"特高压建设期间的地区电网安全和生产计划有序管控。

2．有益经验

（1）根据实际测算承载力情况，科学统筹年月周检修计划安排。通过历史数据分析和电网安全管控有关要求，根据电网运行方式安排的承载能力，规定：地区电网单周检修周期内，六级及以上电网风险停电工作不超过3个，且时间不重叠；大型厂站新投操作和整站停复电操作不能安排在同一天等。

（2）对比检修计划安排与历史承载力分析数据，对可能存在的超承载力情况进行预控。通过生产调度会对可预见的超承载力工作进行分流。对于恶劣天气或故障集中等情况，及时调整工作计划，增派运行值班力量，确保调控操作安全。

（3）多维度评估人员工作能力，科学搭配，人尽其才。通过人员状况和素质进行能力系数量化评估，根据工作强度合理搭配调控运行值班人员，确保个人工作分配均衡。

（4）根据承载力分析结果优化工作计划安排，提高调控运行人员人力资源效率。通过对历史承载力数据的分析评估和调控运行工作完成的质量情况追溯，探索承载力系数的最佳区间，以此达到调控运行人力资源的科学调配和电网本质安全水平的共同提升。

第二十七条　加强安全教育培训

调控机构各专业人员树立全员安全理念，具备应有的业务素质和能力。严防未及时开展安全教育和业务培训，安全理念和业务素质不满足生产要求；严防安全责任不明确，运行风险及生产中问题未及时解决，专业人员安全生产红线意识不强，导致不安全行为。工作中应做到，一是结合电网运行实际及发展要求，制定安全教育和业务培训计划，并定期开展培训及考试；二是建立健全安全生产责任制，明确中心各专业人员安全生产责任；三是落实调度安全生产季度（月度）例会制度，分析解决运行中的问题及风险。

⏱ 释义 ⟶

本条款要求为及时开展安全教育和业务培训，保证各级调控机构人员具备与其岗位相匹配的安全技能和专业知识，安全职责明确且履行到位。

（一）主要安全风险

（1）未及时开展安全教育和业务培训，安全理念和业务素质不满足安全生产要求。

（2）安全生产责任制不健全，安全职责不清晰，履职不到位。

（3）未对电网运行中存在的问题及风险，开展分析并采取防范措施。

（二）主要工作措施

1.结合电网运行实际及发展要求，制定安全教育和业务培训计划，并定期开展培训及考试

依据"结合实际，适度超前"的原则，滚动制定覆盖全员的安全教育和业务培训计划，并开展执行到位。通过定期开展培训和考试的方式，检验和督促各级调控人员熟练掌握其岗位所对应的安全和业务知识。确保人员的安全理念和技能满足电网运行本质安全的需求。

2.建立健全安全生产责任制，明确中心各专业人员安全生产责任

建立健全各级调控机构安全生产责任制，制定并完善安全生

产各项规章制度和操作规程，确保安全生产责任无死角、无遗漏。明确各专业人员的安全生产责任，将安全责任逐级传导，落实到人，层层压实，人人履责。

3．落实调度安全生产季度（月度）例会制度，分析解决运行中的问题及风险

坚持贯彻"安全第一，预防为主"的安全方针，强化安全生产管理，通过落实调度安全生产季度（月度）例会制度，传达学习上级有关部门的文件精神和对安全生产工作的具体要求，分析安全生产形势，交流经验，沟通信息，分析问题、查找不足。结合工作实际，解决和整改电网运行中存在的问题及风险，提出下一步电网安全生产工作的具体要求。

（三）典型案例

1．事件概况

班组是电力企业的基层组织，是电力安全生产工作的基础，加强班组安全建设是强化安全管理、夯实安全基础的核心内容。某省调贯彻"管专业必须管安全"的原则，关口前移、重心下沉，结合地、县调控班组的实际情况，采取多种有效措施，狠抓安全"三基"（基层、基础、基本功），通过"以人为本"的安全管理，让员工树立了岗位成才的理念，由"要我安全"转变为"我要安全"，建立了可持续的班组安全管理体制。

2．有益做法

（1）完善体系、规范流程，实现核心业务的同质化管理。着力完善地县调度安全管理的组织体系和工作体系，全面梳理和优化地县调核心业务流程，通过 OMS 实现安全管理可追溯、可评价，为安全管理的改进提供依据和参照。

（2）从上向下、组织课件，开展班组主题安全日活动。省

调各专业部门及时对一、二次系统运行实际发生的问题，结合《电网调度控制运行安全风险辨识防范手册》《电网调度控制运行反违章指南》和《电网调度控制运行百问百查》等的规定，每月编制下达地县调控班组安全日学习案例、课件，提高学习针对性。

（3）即时学习、正向激励，激活班组员工主观能动性。建立"即时学习、即时分享"机制，开展"每周三问"活动，形成班组应知应会知识库；开展地县班组星级评比、选树标杆活动，形成班组正向激励机制。

（4）领导带头、闭环管控，提升班组安全自我完善功能。建立"值班主任"双重审核把关机制，加强班组安全闭环管控；建立"日评价、周点评、月考核、季提升"班组安全管理自我完善提升机制。

第二十八条 严格执行调控运行持证上岗管理制度

接受调度指令的值班调度员、监控员、电厂及变电站运行值班员应严格执行调度指令并持证上岗。严防未开展调度规程规定及相关业务培训学习，人员业务素质不满足岗位要求，执行调度指令存在偏差，导致误调度、误操作。工作中应做到，一是调控运行值班人员定期到现场熟悉运行设备，重点了解新投运设备和采用新技术的设备；二是调度员、监控员、电厂及变电站运行值班员等人员应具备符合岗位需要的业务能力，定期培训学习，通过上级调控机构考试持证上岗。

⊙ 释义 --->

本条款要求严格执行调控运行持证上岗规定，开展调度规程规定及相关业务培训学习，做到持证上岗。

（一）主要安全风险

（1）未开展调度规程规定及相关业务培训学习。人员业务素质不满足岗位要求，执行调度指令存在偏差，存在误调度、误操作风险。

（2）无证人员接收调度业务联系存在法律风险。

（二）主要工作措施

1. 调控运行值班人员定期到现场熟悉运行设备，重点了解新投运设备和采用新技术的设备

（1）定期组织培训。调控机构应定期组织在岗人员的安全生产教育培训，对在岗人员开展有针对性的现场考问、技术问答、事故预想、反事故演习等培训工作；各专业处室（班组）负责本专业管理范围内安全生产教育培训工作的具体实施。

（2）加强现场培训。要深入现场，开展现场培训，重点熟悉现场设备及工作流程。调控运行、设备监控管理专业至少每年开展两次，其他专业至少每年开展一次。现场学习应事先制定学习大纲，围绕现场生产核心业务、新技术、新设备等开展，现场学习后应提交总结。

2. 调度员、监控员、电厂及变电站运行值班员等人员应具备符合岗位需要的业务能力，定期培训学习，通过上级调控机构考试持证上岗

（1）严格执行持证上岗。调控机构新上岗调控运行值班人员必须经专业培训并经考试合格后方可正式上岗，调控业务联系对象经培训合格并取得任职资格证书后方可上岗。

（2）完善持证培训制度。应每年定期对调控业务联系对象进行培训，组织开展持证上岗考试，建立 OMS 持证上岗合格人员模块（建立人员，有效期核实办法），实现对持证合格人员动态管理，定期开展持证合格人员复证抽考，建立持证合格人员评价机制，实现合格人员滚动管理。

（三）典型案例

1．事件概况

某日上午 11 时 14 分，城东变电站 10kV 发出单相接地信号，检查三相电压平衡，均在 6.3kV 位置，但听到高压室 147 线路有放电声，却未检查出故障点，于是从 15 时 35 分～18 时 50 分，147 线路先后拉合作安全措施 4 次，18 时 55 分，调度员未先下令拉开 147 断路器，就直接下令作 147 线路的安全措施，而站内值班员在未写完记录就去操作，途中一人接电话，导致另一值班员在无人监护下，拉开 1473 隔离开关造成带负荷拉隔离开关事故，而城东变电站 1 号主变压器断路器因保护误动跳闸，火电厂 542 断路器，543 断路器因保护误动跳闸，造成事故范围扩大，导致市自来水厂、军区总医院、第一监狱等重要用户停电 70min，损失电量 8000kWh。

2．暴露主要问题

（1）人员业务素质不满足岗位要求。城东变电站 10kV 发出单相接地信号，检查三相电压平衡，均在 6.3kV 位置，但听到高压室 147 线路有放电声，却未检查出故障点。调度员在线路故障未查清楚的情况下，反复通知送电和作安全措施，容易造成事故扩大。

（2）调度指令错误，导致误调度、误操作。18 时 55 分，调度员未先下令拉开 147 断路器，就直接下令作 147 线路的安全措施，造成带负荷拉隔离开关事故。

（3）变电站值班员安全意识不强、责任心不高。城东变电站值班员既未填写操作票，又在无人监护下操作，并且未对不妥的调度命令提出异议，操作前又未检查断路器的实际位置，造成事故范围扩大。

四、制度标准方面

【第二十九条】 **完善标准体系**

标准体系应满足电网发展、技术进步及市场化改革对管理和技术的要求，调控运行有法可依、有据可依。严防在电网快速发展、新技术大量应用情况下，未能及时制定、修订相关技术标准和规程规定，导致电网调控、设备运行依据不足；严防市场化改革条件下，电网运行规则发生改变，相关标准制度不健全、不完善导致的安全运行风险。工作中应做到，一是根据电网调控运行需要，全面梳理标准体系，分析标准制度适应性并及时修订完善；二是积极参与市场化改革，以不削弱调控机构保障电网安全的能力为目标，研究制定相关市场规则和技术标准。

⊙ 释义 ⋯➤

本条款要求为建立健全和及时修编电网运行相关的各类规章制度、标准、规范，确保电网运行始终有章可循，有据可依。为电网快速发展和市场化改革不断推进提供标准制度方面的安全保障。

（一）主要安全风险

（1）电网运行相关制度标准不全或修编不及时，与电网的发展不匹配。

（2）市场化改革突破现有电网安全保障能力底线。

（二）主要工作措施

1. 根据电网调控运行需要，全面梳理标准体系，分析标准制度适应性并及时修订完善

建立健全与电网调控运行相适应的标准制度体系，结合电网发展和改革变化定期梳理，适时修订。确保现行制度标准覆盖全面，合理可行。

2. 积极参与市场化改革，以不削弱调控机构保障电网安全的能力为目标，研究制定相关市场规则和技术标准

积极主动掌握市场化改革相关信息、动向，对可能出现的变化科学评判，合理预估。对于相关政策法规及时学习领会。在此基础上，以确保调控机构保障电网安全能力为目标，提前参与研究制定有关市场规则和技术标准，避免管理真空。

（三）典型案例

1. 事件概况

国家电网有限公司组织国内科研、高校、产业、电网运行等20多家单位，以国家863计划、科技支撑计划和"核高基"（核心电子器件、高端通用芯片及基础软件产品）等重大科研项目为支撑，通过自主创新和产学研联合攻关，研发了支持调控业务"横向集成、纵向贯通"的一体化支撑平台，攻克了多级调度协同的大电网智能告警和协调控制等重大技术难题。以科技成果和实践经验为基础，建立智能电网调度控制标准体系。智能电网调度控制系列标准荣获2017年度中国电力创新奖（标准类）一等奖。

2. 有益经验

（1）智能电网调度控制系列标准首次完整深入地构建了电网调度控制系统标准体系，其中国家标准和行业标准规定了电力系

统通用的模型和数据交互规范，解决电网调度控制系统的基础性问题；企业标准规范了电网调度控制系统的体系架构、核心功能和技术要求。

（2）该系列标准已成为指导和规范电网调度控制系统设计、研发、建设的核心标准体系，缩短了建设周期，降低了实施成本，产生了可观经济效益，并在国家电网有限公司所有省级及以上调度控制中心和80%的地级调度控制中心推广应用。

第三十条 完善大运行和大检修体系协同建设

调控机构监控运行业务与大检修体系合理分工。严防因职责界面不清导致的连带追责风险；严防监控规模大幅增长、极端天气、突发大面积电网故障、春秋季检修操作集中等情况下的漏监、误监和误操作。工作中应做到，一是加强运维站的技术支撑能力，结合运检管控中心建设，明确运维单位变电站安消防、工业视频、在线监测、站用交直流等信息监视的主体责任，与调控机构负责的影响电网运行的设备监控信息互有重点、互为补充；二是加强监控技术手段建设和人员配置，研究春秋检高峰期和电网严重故障情况下的应对措施。

⏱ 释义 ⟶

本条款要求为明确专业职责分工，保障集中监控变电站安全运行。确保倒闸操作、缺陷管理、信息处置、运行分析等业务责任清晰、流程贯通、手续完备、要求一致。

（一）主要安全风险

（1）因职责界面不清导致的连带追责。

（2）监控规模大幅增长、极端天气、突发大面积电网故障、春秋季检修操作集中等情况下的漏监、误监和误操作。

（二）主要工作措施

1. 理清大运行体系监控运行业务与大检修体系分工界面

调控机构与运维单位应共同参与设备运行管理规定和相关工作流程的制定，明确分工界面。设备运维单位应具备与调控机构同步监视的技术条件，加强告知类监控信息的监视。规范接入调度技术支持系统的监控信息，严格履行监控信息接入审批手续，加强监控信息表编制、审核和执行的全过程管理。完善调度技术支持系统越限报警、检修置牌和信息封锁等监控功能。

2. 加强监控技术手段建设和人员配置，研究春秋检高峰期和电网严重故障情况下的应对措施

针对监控技术手段建设和人员配置，在调度技术支持系统中开发监控巡视管理和信息统计分析等功能，推进 AVC 系统建设，提高 AVC 系统覆盖率。合理增补监控运行值班人员，达到配置标准。制定设备监控人员岗位培训计划，切实提高设备监控人员技能水平，保证设备监控人员满足岗位工作要求。开展承载力分析，根据实际工作情况合理安排值班人员，合理安排各值班岗位工作职责，确保监控各项工作有序开展。

在春、秋检高峰期到来之前提前收集监控运行数据，整理监控运行缺陷，利用大数据分析技术预判电网或变电站运行薄弱环节，针对薄弱环节提出风险预警，为春、秋检提供有力支撑。建立健全应急组织机构，及时制定、滚动修订、发布调控各项预案，定期开展反事故演习，编制、修订典型信息处置方案。加强事故处理、缺陷管理、信息统计分析和监控业务评价等方面工作协同。

（三）典型案例

1. 事件概况

为了减少频发、误发信息对监控工作的影响。××调控中心在协同××省检修公司进行信息整治工作的基础上，开展数据分析评估工作。在提升监控信息规范化率的同时，构建了变电站直流系统风险评价体系，进一步保障了电网和设备的安全。

2. 有益经验

（1）调控、运检、设计和建设多部门参与监控信息定值化管理。通过明确责任分工、流程节点、技术规范、考核细则等，保证监控信息表的定值化管理模式落地。提升新设备监控信息接入效率，使监控信息规范化率达到100%。

（2）基于大数据分析，结合现场检修历史数据与监控端信息告警数据，提出了变电站直流系统的关键指标，构建了变电站直流系统风险评价体系。评价结果为运检部门提供有效参考，提升直流系统地运维效果和检修效率，使得监控端直流系统异常告警信号较之以前减少51%。